卷首语

工业革命是人类近代史上浓墨重彩的一笔，当一度被视为异类的机械常态化地大举介入生活，人类文明的进程得到了前所未有的改观。工业至上是彼时全球统一的信仰，冰冷的机器以自己的理性与客观为人类阐释了规矩与范式，并将社会乃至公众生活的各种要素圈定在自身的范畴之内，予以支配。毋庸置疑，这种步调划一的历史演进方式赋予了我们前所未有的机遇与成就。

大到世界，小及国家，工业的意义不言自明。而其蓬勃发展，也是我国崛起的里程碑。在建国初期，孔武有力的工业建筑曾经是我们的骄傲与精神寄托，其上寄寓着中华儿女激扬江山、挥斥方遒的豪迈，以及举国奋发、改天换地的蓬勃朝气。城市里鳞次栉比的工业建筑像各个时代的记号，标示着我们一路发展的轨迹。然而，21世纪信息技术的发展壮大，让昔日风光无限的工业失去了话语权，那些带着工业印记的建筑亦随之渐渐地淡出了我们的生活。不过直至现在，呈现在我们面前的工业遗迹，即使落寞凋敝，却依旧相貌堂堂、中正平和，没有丝毫的矫揉造作、扭捏作态，骨子里透露出一种不言自威的霸气。其以敦厚与凿实的体量，在现代重新树立真实的标准，从而使我们不难揣摩当初其泽被全国的慰藉力量。作为遗存的老工业建筑，可以附带但绝不仅着意于一种建筑学意义，是综合了多种学科价值于一身的鲜活“标本”，任何试图臼于壁垒，而对其进行的妄自解读都无疑是干枯而酸涩的。

我们对建筑最大的尊重，莫过于“物尽其用”，更大的尊重是对其进行长期乃至反复利用，历经岁月考验与世事变迁的建筑尤其如此。因此，我们应该利用缜密的思考、完善的规划与高效的安置，妥善处理工业建筑的保护与再利用工作，赋予她们新的内容与价值，使其重新融入我们的社会。哪怕只为在更多的建筑以滥俗的形式与诡异的结构哗众取宠、装腔作势以吸引眼球与关注时，这些巨构仍恪守着建筑高洁的身份与不容亵渎的威严。

归根结底，工业建筑遗存的命运所系，在于人们如何思考建筑与社会、与大众的关系。

近30年来，中国快速的城市化进程为其提供了合宜的背景环境。目前，对建筑作品的解读已无法局限于对形式、结构或技术等单方面的讨论，而必须扩展到社会和人文的层面。有介于此，以“走向公民建筑”为口号，由《南方都市报》与《南方周刊》举办的首届中国建筑传媒奖经一年的筹备及两个月的提名和评选，最终于2008年岁末颁发了五项大奖。获奖者与获奖项目无一例外均在设计中体现了公共利益，倾注了人文关怀。该奖项对建筑公众性质的界定可望成为行业内的普适原则，从而终结建造形象工程，漠视公众建筑质量和空间利益的时代！

又是岁阑时节，每到这个时候，“祈福”便成为一种颇为流行的大众行为。尤其在经历了波折多舛却不乏动容时刻的2008年，我们有更多的理由将积压的一众期盼寄托于来年。《住区》的全体同仁此刻怀着同样的心情，与大家一道祈求风调雨顺、国泰民安的2009，我们的刊物也将依旧尽力、尽职、尽责地为大家精心打造专业、深入的业界平台，这是对自我的认定，也是对读者的交代。

总第35期 01/2009

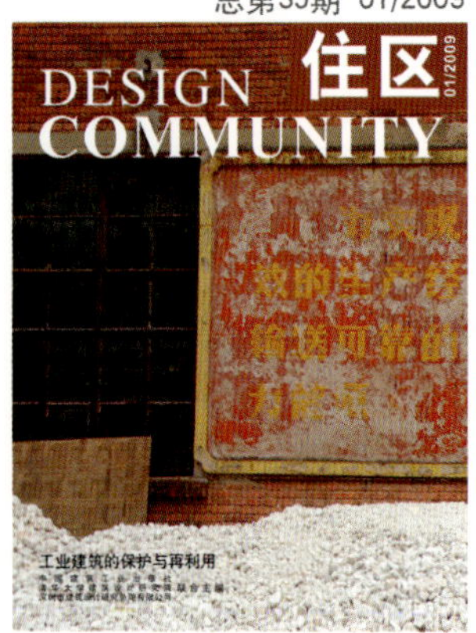

图书在版编目（CIP）数据

住区.2009年.第1期/《住区》编委会编.－北京：
中国建筑工业出版社，2009
ISBN 978-7-112-10662-2

Ⅰ.住... Ⅱ.住... Ⅲ.住宅－建筑设计－世界 Ⅳ.TU241

中国版本图书馆CIP数据核字（2009）第 006956 号

开本：965X1270毫米1/16　印张：7½
2009年2月第一版　2009年2月第一次印刷
定价：36.00元
ISBN 978-7-112-10662-2
（17595）
中国建筑工业出版社出版、发行（北京西郊百万庄）
各地建筑书店、新华书店经销

利丰雅高印刷（深圳）有限公司制版
利丰雅高印刷（深圳）有限公司印刷
本社网址：http://www.cabp.com.cn
网上书店：http://www.china-building.com.cn

目录

住区

COMMUNITY DESIGN

CONTENTS

封面：长洲机械厂（摄影：饶小军）

首届中国建筑传媒奖：迈向公民建筑

The 1st China Architecture Media Awards: Towards Civil Architecture

获奖

2008年岁末，由《南方都市报》和《南都周刊》举办的首届中国建筑传媒奖颁奖典礼在深圳举行。

近30年来，中国的快速城市化进程从根本上改变了人们的生活，建筑的设计与建造一直在其中扮演着关键的角色。尤其在2008年，奥运会和四川地震等事件更让建筑成为公众关注的焦点——前者产生的一系列地标性建筑令国人自豪，后者则促使人们深入地思考建筑与社会的关系，以及建筑师应承担的社会责任等诸多问题。

所有这些现象，使得当下对建筑作品的解读，已无法仅局限于对建筑形式或技术等单方面的讨论，而必须扩展到社会和人文的层面。为此，南方都市报联合国内多家建筑杂志和媒体，共同设立中国建筑传媒奖，力图以更宽阔的视野，以建筑的社会意义和人文关怀为主要标准来评价建筑。

中国建筑传媒奖提出的口号是"走向公民建筑"。"公民建筑"是指那些关心民生，如居住、社区、环境、公共空间等问题，在设计中体现公共利益，倾注人文关怀，并积极为现时代状况探索高质量文化表现的建筑作品。

通过设立中国建筑传媒奖，我们希望向建筑界和社会发出这样的呼吁：建形象工程的时代该结束了，漠视公众建筑质量和空间利益的时代该结束了，让我们共同致力于开创一个"公民建筑"的时代！

经过一年的筹备，两个月的提名和评选，首届中国建筑传媒奖的五项大奖最终全部揭晓，名单如下：

1.最佳建筑奖——毛寺生态实验小学

设计者：香港中文大学吴恩融、穆钧

项目设计结合地形条件，使用地方材料，营造出丰富、自然的室内外空间环境，并在自然通风采光、保温和粪便处理等方面独具匠心，用适用技术达到了节能和环保的要求。另外，当地工匠的营造、传统技艺和现代设计的结合，也使这个并非引人注目的建筑实践有了积极的社会意义，为新农村建设提供了一个范例。

2.居住建筑特别奖——土楼公舍

设计者：都市实践

为今日中国城市中低收入人群设计廉租房，将"新土楼"植入当代城市，利用城市快速发展过程中遗留下来的闲散土地建造，试图探索出中国中低收入人群的居住解决之道。作为一种解决快速城市化进程中大量人口迁入产生的居住问题的实验，土楼公舍有积极的社会意义，其内部社区空间的营造具有人文关怀精神。但"土楼"是否能成为一种理性的定式？内封闭式的圆形设计是否会导致使用者与城市互动方面的脱离？还有高密度居住状态下容易产生的相互干扰问题，也是值得思考和有待观察的。

3.杰出成就奖——冯纪忠

冯纪忠先生是我国著名的建筑师和建筑教育家，是中国现代建筑的奠基者，也是中国城市规划专业的创始人。虽然其著述和设计作品并不多，但论文《空间原理》和设计作品“上海松江方塔园”，却代表了那个时代中国建筑的一种新人文思想和设计理念。其深邃的建筑哲学思想融入建筑教育和文化传播系统中，对当代中国建筑的发展具有深远影响和意义。

4.青年建筑师奖——标准营造事务所(团队)

标准营造是中国目前优秀的青年设计团队之一。其实践超越了传统的设计职业划分，在一系列重要的设计研究和实践的基础上，发展了在历史文化地段中进行景观与建筑创作的特长和兴趣。标准营造尊重基地、隐藏自我、注意环保的设计理念，在当下社会值得褒扬和肯定。

5.组委会特别奖——谢英俊

汶川地震后，内地建筑师试图在重建中有所作为，然而由于民居设计经验和“入世”经验不足，多半途而终。台湾建筑师谢英俊携台湾“9.21”地震重建之经验，积极联系各重建官方、民间组织，以及海内外赞助企业，迅速建立重建工作小组，进驻震区。团队长期居住于此，实地考察，开展大面积重建工作，并以推广重建模式为已任。谢英俊是建筑师投入非盈利性公共服务工作、关怀社会的典范。

首届中国传媒建筑奖的口号为“走向公民建筑”，所以此次提名、获奖的团队、个人与建筑均无一例外地表现出对民生的关注，力图在现代化的居住建筑中找回更多公民权益的特点。而对于“公民建筑”的概念，他们自然也有个性的解读。

冯纪忠

1.冯纪忠

应该讲，所有的建筑都是公民建筑，特别是我们这个时代，公民建筑才是真正的建筑，而如果不是为公民服务，不能体现公民的利益，它就不是真正的建筑。这句话是否说得太绝对？不！在我的工作当中，依照我的理念和坚持，一直在做公民建筑。凡不是公民建筑的项目，我都不会满意，并加以批评。

我们要认识这个问题——公民建筑不只是哪一类建筑，而是整体的建筑，这个理念我坚持了几十年。在规划、设计与教学工作中，我一直保有这个信念。这样的理念，能够使得中国建筑走向世界顶尖的水平。

都市实践

2.都市实践

“公民”是一个源自西方的词语，过去中国没有。但是我们小时候接受的教育，毛主席讲“为人民服务”，实质上就是很朴素的一种公民意识——为普通的民众服务。这也是我们“都市实践”成立近十年以来一直坚持的工作。并不是说我们不做别墅之类设计，而是说我们相当大量的工作是关注普通人，致力于城市公共开放空间的设计——那些普通民众不必花费一分钱就能享受的设施。所以，我们理解的公民建筑是比较朴素的，就是让普通老百姓能享受的那一部分城市资源与建筑空间。

对于土楼公舍，本身只是一个实验，不是一个最终的结论。我们从来没有这么想，就这样能够解决低收入人群的居住问题，但这是一个开始，希望更多人来关注低收入者，它可能会演变成更多不同的方式。

标准营造

3.标准营造

我们代表一些年轻人，希望以一种更纯粹的动机，用更平常的心态，认认真真地为普通的老百姓创造建筑。

我们认为，建筑的伟大之处不在于体量、功能有多大，而在于其对社会、文化的贡献。而建筑师就是建筑师，必然是要靠建成的作品说话的，而非其他。我们不需要做明星，也不可能做明星。关于称建筑师是“公众知识分子”，我们的理解是，建筑师是应该对社会、人文有责任的。

我们的建筑一直注重和本地文化的结合，并期望通过其改善普通老百姓的生活品质，提升城市环境。“阳朔小街坊”项目就是一个好例子。它不会传达高贵性，不代表身份和财富，而是与所在城市、村落相融合，这种结合是有机的。我们认为，每个地方都应该有属于自己的建筑。

谢英俊

4.谢英俊

在现代社会的框架中谈公民建筑，我想是指在建筑和施工中，把已经被扭曲的、遗忘的、本属于公民权益的东西多找一些回来。“卖相好”、看起来漂亮的房子未必住得舒服，未必能让人体会到亲切的邻里关系，也未必有成熟的社区。公民建筑需要建筑师有更多的人文关怀，考虑到使用者的感受。举些很浅显的例子：设计的楼梯间是不是可以多些光线，而不是让人如同走在黑洞中；设计的居住格局是否利于左邻右舍的关系，而不是让大家老死不相往来；是否有足够的绿化空间与阳台花园……

“5.12”汶川大地震后，有人说灾区人民处于弱势。但我去灾区看到的上千万的农民充满了创造力，什么时候他们变成弱势？正是到了如今，当我们只用现代化的建筑思维来做房子时，基本上就把他们的创造力和劳动力给抹杀掉了，所以他们变成弱势，这是很矛盾的事情。所以值得我们思考的问题出现了，我们这个社会面对这些情况时到底哪里出了问题？把本身并不弱势的群体变成了弱势，我们又能通过哪些努力把创造力还给这些农民呢？

我想我们目前在灾区所做的事情，正是向这个目标在努力。

吴恩融 穆钧

5.穆钧

就“公民建筑”一词，我的理解就是为公民而建的建筑。我很钦佩冯纪忠先生讲的“所有的建筑都应该是公民建筑”，但是，不得不说明的一点是，以我认识的很多建筑师同行为例，并不是不愿意做公民建筑，只是很多时候大家不知道该怎么去做，而且关键还要看业主、甲方想要一个什么建筑，说起来也就是一个“市场导向”问题，真的很复杂。

但就公民建筑的社会环境而言，今年是一个很重要的年份，大家都称其为“公益元年”，尤其汶川地震后，社会各界都在踊跃捐助和积极思考。“走向公民建筑”的口号也确实提得正是时候，很有意义。

作品 毛寺生态实验小学

最佳建筑奖：毛寺生态实验小学

设　计　者：香港中文大学吴恩融、穆钧

地　　　址：甘肃省庆阳市毛寺村

落成时间：2007年

1. 鸟瞰图

学校位于甘肃省毛寺村，2007年夏落成，是一个慈善项目。其目标不仅是为当地的孩子们创造一个舒适愉悦的学习环境，更关键的是要以此为契机，努力诠释一个适于当地发展现状的生态建筑模式。

该项目强调一个科学化且可推广的设计与研究方法，其中包含三个基本阶段：现状调研与分析；模拟实验研究；设计与施工建造。首先，根据对当地冬季寒冷夏季温和的气候特点、有限的经济和建筑资源水平、以生土建筑为代表的传统建筑等方面的研究发现，在这一地区，针对冬季的热工设计是减少建筑能耗和环境污染最为有效的生态设计手段。而当地以生土窑洞为代表的传统建筑中蕴含着大量基于自然资源并值得生态建筑设计借鉴的生态元素。与此同时，学校的设计与建造需要遵循四个基本原则：舒适的室内环境、能耗与环境污染的最小化、造价低廉与施工简便。以此为基础，我们利用教室为模型，借助TAS软件进行了一系列计算机热学仿真实验。通过对当地所有常规和自然材料、传统建造技术和生态设计系统的筛选与优化，我们发现最基本的建造技术——以生土和其他自然材料为基础的建筑蓄热体与绝热体的使用，是提升建筑热特性、减少能耗和环境污染最为经济和有效的措施，因此应该被充分地运用在学校教室的设计之中。

顺应所处的地形，学校所需的十间教室被分为五个单元，布置于两个不同标高的台地之上，使得每间教室均能获得尽可能多的日照和夏季自然通风。以绿化为主的院落环境有助于为孩子们创造一个舒适愉悦的校园环境。教室的造型源于当地传统木结构坡屋顶民居，不仅继承了传统木框架建筑优良的抗震性能，而且对于村民而言更容易建造施工。教室北侧嵌入台地，可以在保证南向日照的同时，有效地减少冬季教室内的热损失。宽厚的土坯墙、加入绝热层的传统屋面、双层玻璃等蓄热体或绝热体的处理方法可以极大地提升建筑抵御室外恶劣气候的能力，维护室内环境的舒适稳定。与此同时，根据位置的不同，部分窗洞采用切角处理，以最大限度地提升室内的自然采光效果。

小学的建设施工继承了当地传统的建造组织模式，施工人员全部由本村的村民组成。除平整土方所必须的挖掘机以外，所有施工工具均为当地农村常用的手工工具。同时，绝大部分建筑材料都是“就地取材”的自然元素，如土坯、茅草、芦苇等。由于这些材料所具有的“可再生性”，所有的边角废料均可通过简易处理，立即投入再利用。例如，土坯是由地基挖掘出来的黄土压制而成，而土坯的碎块废料又可混合到麦草泥中作为粘接材料。再如，剩下的椽头与檩头被再利用到围墙和校园设施建造之中。以上措施不仅有助于最大限度地挖掘当地传统的建筑智慧，而且可以将由于施工而导致的能耗与对环境的破坏最小化。

新教室的直接造价(包括材料、人工与设备)只有422HKD/m^2，远低于当地由粘土砖和混凝土建造的常规学校建筑。而根据对教室在过去一年使用过程中的观测发现，与当地常规的学校建筑相比，新建教室的室内气温始终保持着相对稳定的状态，可谓冬暖夏凉。即便在今年初罕有的严冬，无需任何燃料采暖，教室仍可拥有舒适且空气清新的室内环境。

从该项目建成的效果来看，总体而言，有三点值得强调。首先，新学校为孩子们创造了一个舒适、宜人的学习环境，在热工性能、能

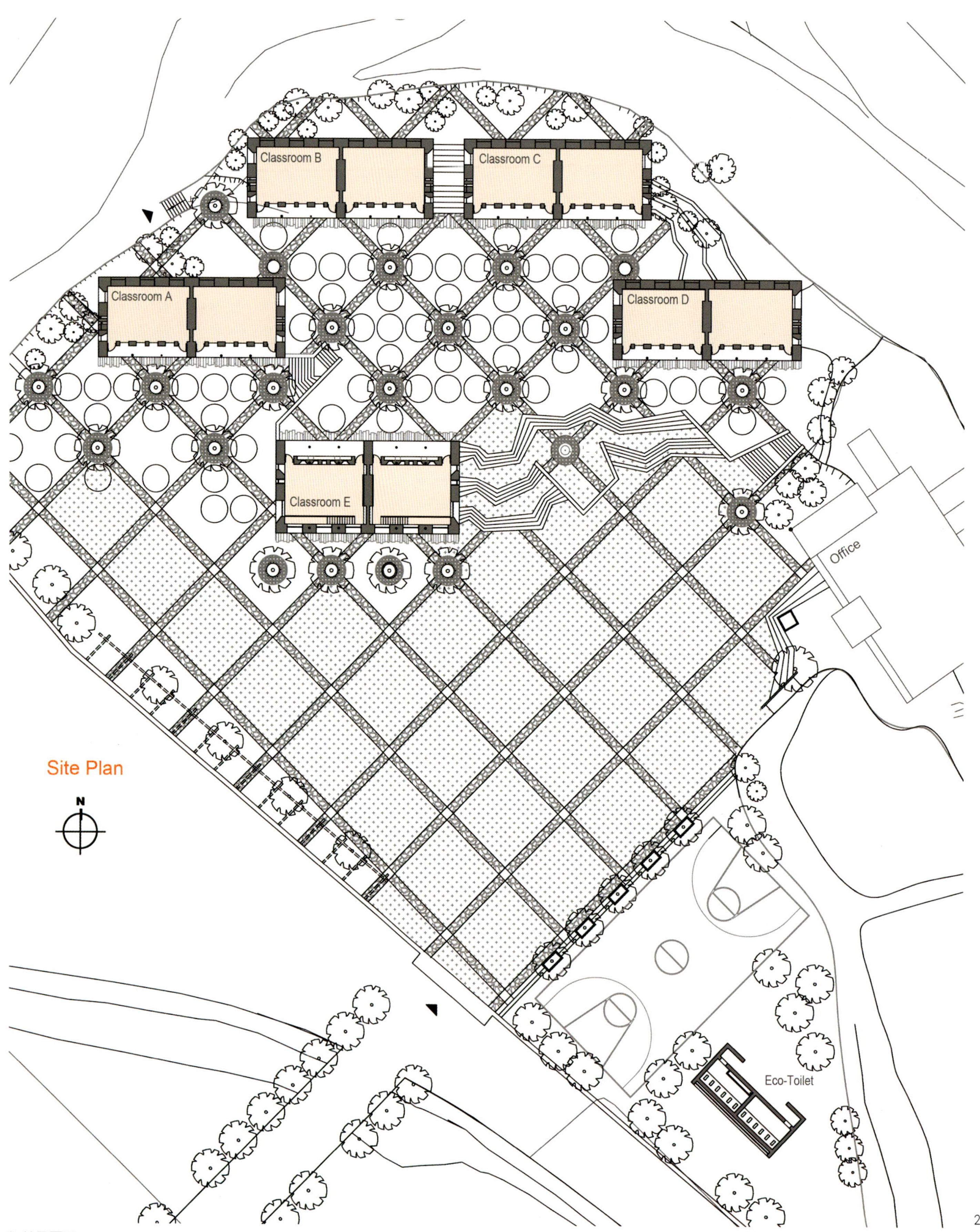

2.总平面图
3.学校操场南立面
4.孩子室外活动空间
5.孩子们与新校舍

3
4
5

6. 孩子们与新校舍

7. 孩子们自如地利用新校舍的设施

8. 教室内上课的师生

9. 教室内一角

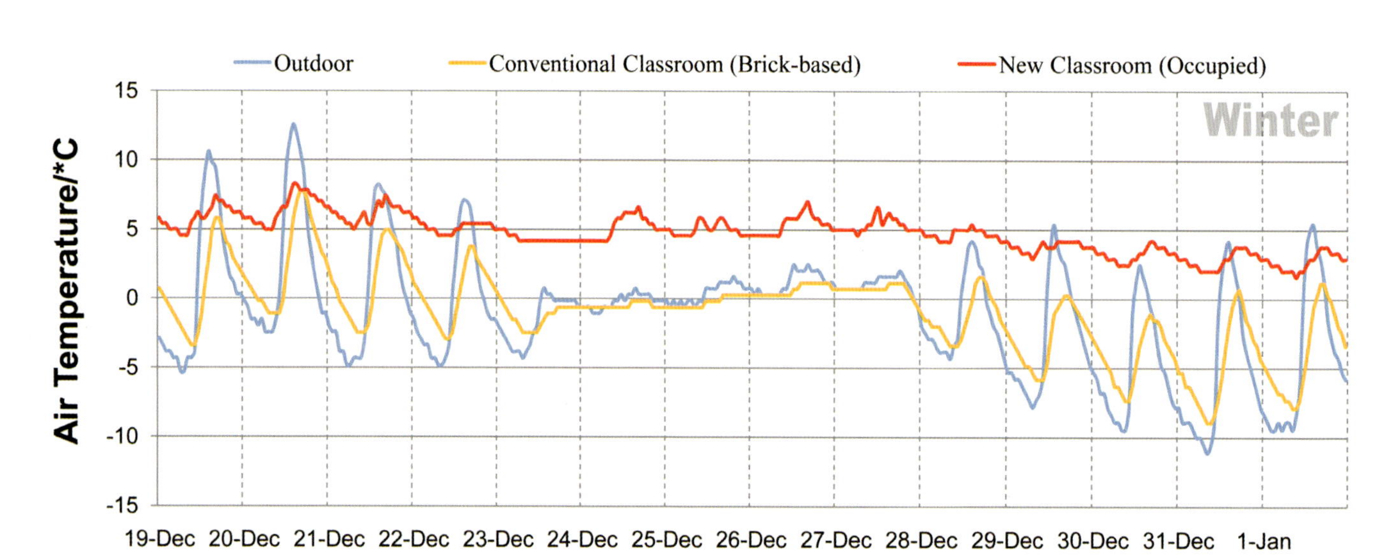

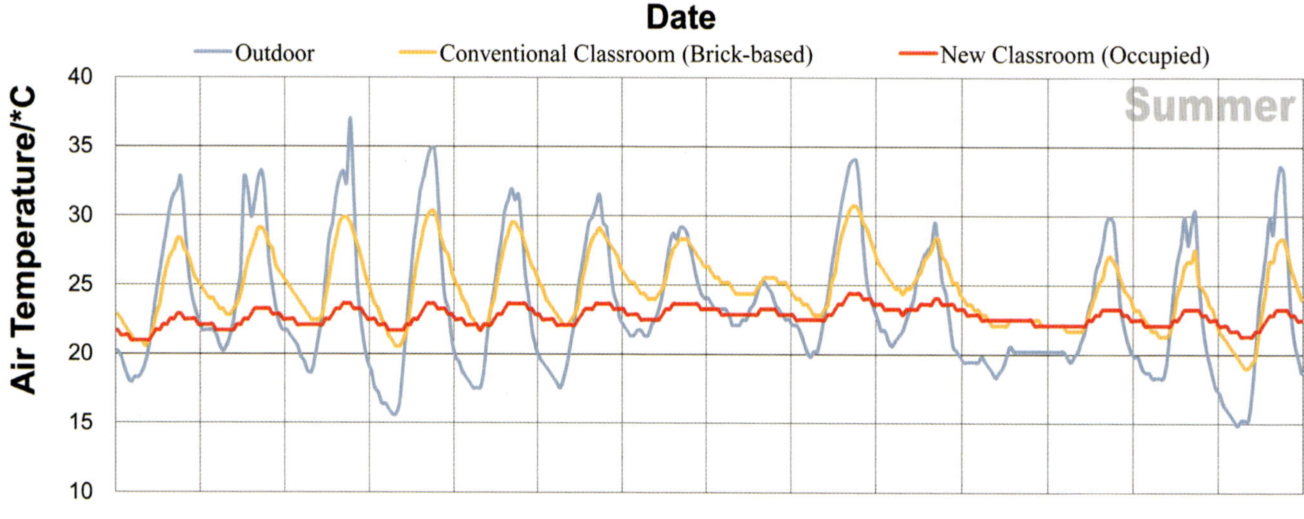

10. 学校温度测试图（上图为冬季温度，下图为夏季温度）

11.建设中的村民
12.孩子们与新校舍

源消耗与环境保护方面，其具有的生态可持续效能远优于当地常规的建筑；其次，由于施工建造大量地雇佣了当地的村民，作为慈善项目，除了学校本身，绝大部分的社会捐助得以惠及这个村落；更重要的是，从这个学校项目中，村民们得以重新认识他们自己的传统。新学校的建造向他们诠释了一条适合于黄土高原地区发展现状的生态建筑之路。在有限的经济基础下，村民完全可以利用所熟知的传统技术和随地可得的自然材料，在改善自身生活条件的同时，最大限度地减少对环境的污染和破坏，实现人与建筑、自然的和谐共生。我们的工作还将继续下去，不仅仅是为了一座学校，而是为整个地区生态建筑的发展进行更加有意义的研究与示范。

最后，引用毛寺生态实验小学校长的一句话：“从现在开始，学校不再需要烧煤来取暖了，省下来的钱可以为孩子们多买一些书了。”

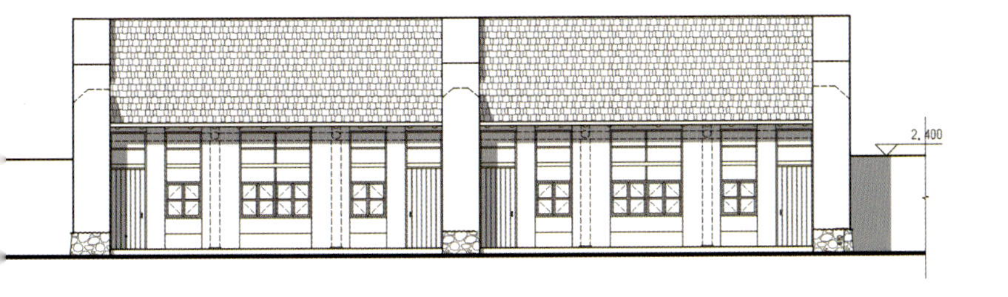

13.教室南立面

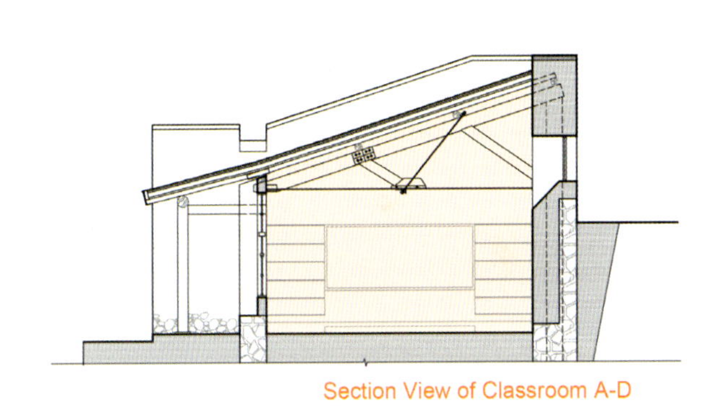

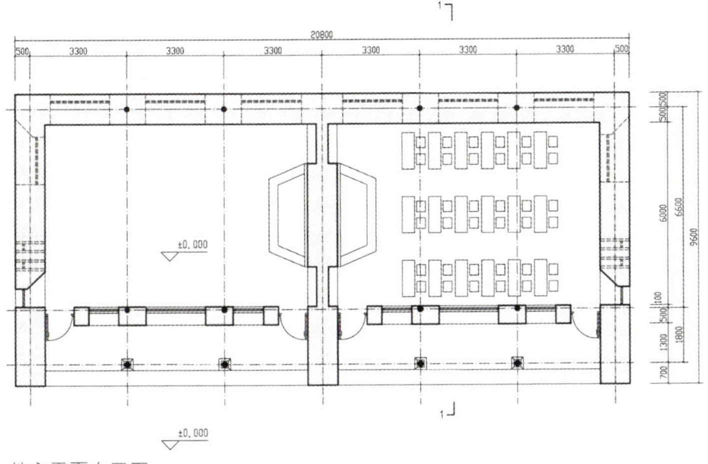

14.教室平面布置图

Section View of Classroom E

15.教室剖面

1. 月牙院

2. 中心庭院

3. 公寓卧室

作品 土楼公舍

居住建筑特别奖：土楼公舍

设计者：都市实践

落成时间：2008年

客家土楼民居是一种独有的建筑形式，它介于城市和乡村之间，以集合住宅的方式将居住、贮藏、商店、集市、祭祀、娱乐等功能集中于一个建筑体量，具有巨大的凝聚力。

将土楼作为当前解决低收入住宅问题的方法，不只是形式上的借鉴，而更重要的是通过对土楼社区空间的再创造以适应当代社会的生活意识和节奏。传统土楼将房间沿周边均匀布局，和现代宿舍建筑类似，但较现代板式宿舍更具亲和力，有助于社区中邻里感的营造。都市实践秉承了其这一传统优点，并在内部空间布局上添增了新内容：每户室内面积不大但带有独立厨房和浴室；每层楼都有公共活动空间；社区的食堂、商店、旅店、图书室和篮球场为民众提供了便捷的服务。

将"新土楼"植入当代城市的典型地段，通过实验，从中遴选出最经济、最贴切的模式，这一过程是对常规意义上城市建设的想象力的额外激发。土楼与城市绿地、立交桥、高速公路拼贴，这些试验都是在探讨如何用土楼这种建筑类型去消化城市高速发展过程中遗留下来的不便使用的闲置土地。由于获得这些土地的成本极低，且其开发对城市管理有所贡献，故还可以得到褒奖，从而令低收入住宅开发的成本大大降低。土楼外部的封闭性可将周边恶劣的环境予以屏蔽，同时内部的向心性又创造出温馨的小环境。

将传统客家土楼的居住文化与低收入住宅结合在一起，不仅是一个研究课题，更标志着低收入人群的居住状况开始进入大众的视野。这项研究的特点是分析角度的全面性和从理论到实践的延续性。

对土楼原型进行尺度、空间模式、功能等方面的演绎，然后加入经济、自然等多种城市环境要素，在多种要素的碰撞之中寻找各种可能的平衡，这种全面演绎保证了丰富经验的获得，并为深入的思考提供平台。

从调查土楼的现状开始，研究传统客家土楼在现代生活方式下的适应性，将其城市性发掘出来，然后具体深化，进行虚拟设计，论证项目的可行性，最终将研究成果予以推广，这样从理论到实践的连续性研究，是"新土楼"构想的现实性和可操作性的完美佐证。

4. 土楼公舍外观

5.屋顶平台

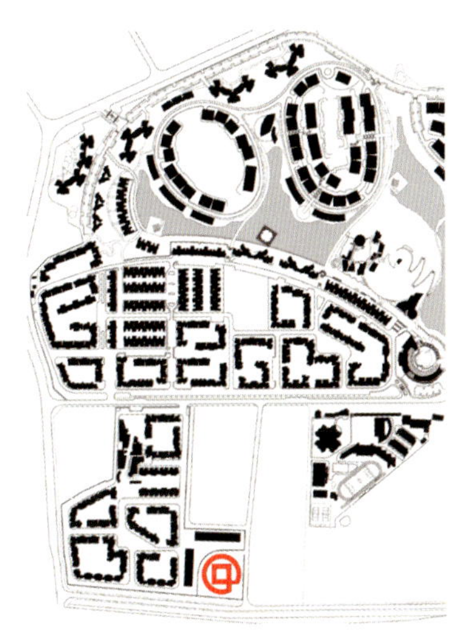

6.区位总图

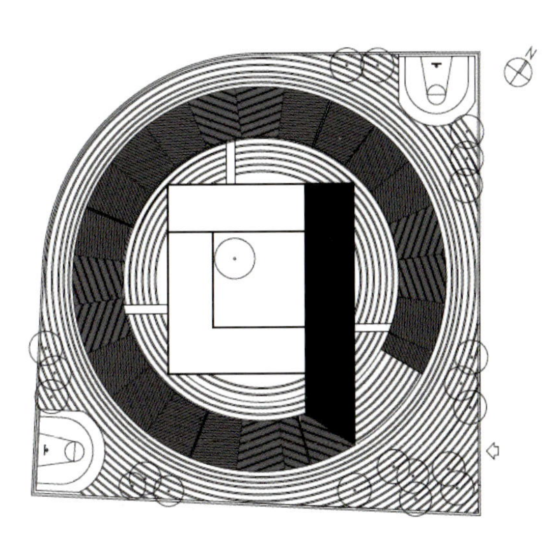

7.总平面

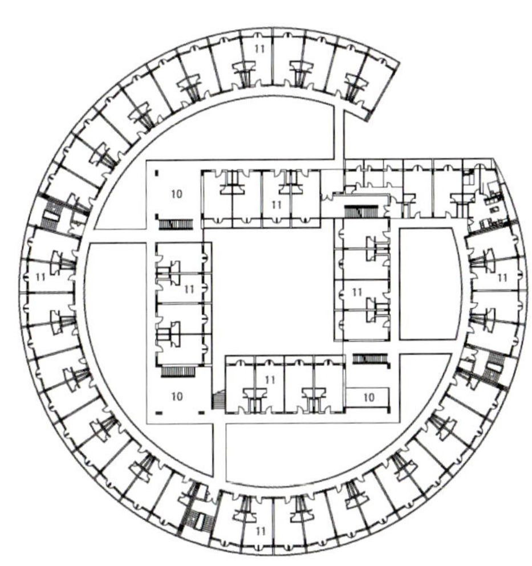

8.三、四层平面

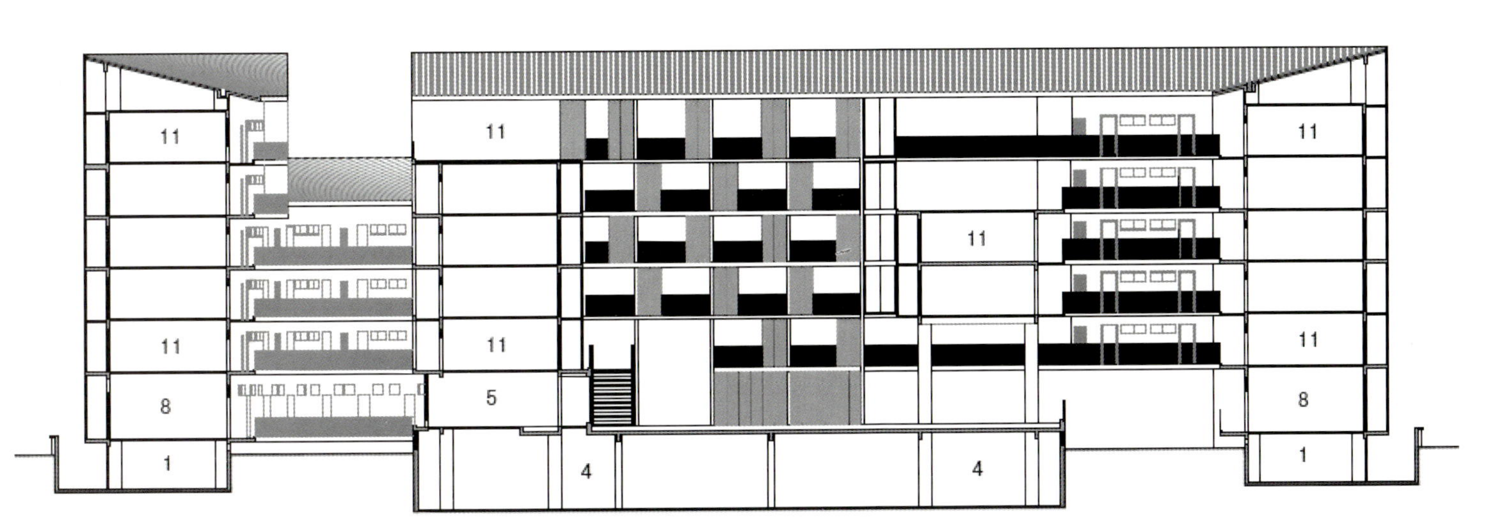

9.南北剖面

主题报道

Theme Report

工业建筑的保护与再利用

Conservation and Reutilization of Industrial Architecture

城市老工业区的调查与价值评定

An Investigation and Re-evaluation of Old Industrial Districts

阳建强 罗 超 潘之潇 Yang Jianqiang, Luo Chao and Pan Zhixiao

[摘要]本文结合郑州西部老工业区、广州后航道洋行仓库码头区、杭州重型机械厂等研究案例，分析了老工业区和工业建筑的综合价值构成，从宏观城市背景，中观厂区格局和微观建、构筑物本体等三个不同层面对城市老工业区的现状调查与价值评定方法进行了分析与研究，着重强调了老工业区环境污染状况调查与评估的重要性，并指出遗产类工业建筑重在历史文化价值评价，大量一般性产业地段和建筑重在研究其社会经济价值和潜在的再利用价值。

[关键词]老工业区、工业建筑、调查、价值评定

Abstract: *The article took the old industrial districts in the western part of Zhengzhou, bank warehouse port area in Guangzhou, and Hangzhou Heavy Machinery Plant as case studies. It analyzed the composition of the heritage values both as historical urban districts and industrial architecture. The methods of investigation and re-evaluation on urban industrial districts from the perspectives of urban context, district layout and individual architecture were studied, giving special emphasis on evaluation of the environmental influences by the old industrial district. It pointed out that to those districts with heritage values, the focus should be given to the appreciation the historical qualities; while to those districts and buildings with no special values, the work should be concentrated on reutilization their social and economic potentials.*

Keywords: *old industrial districts, industrial buildings, investigation, evaluation*

一、背景

1.老工业区保护与更新——新的课题

我国大规模的工业化建设有两次高潮，一次是始于建国之初，一次是改革开放期间。20世纪90年代以来，第一次工业化浪潮中所建设的大量工业企业在产业结构调整、城市功能改变的背景下逐步衰退，并导致了“退二进三”的大规模城市功能调整。在此过程中，众多工业厂房、仓库、铁路等建筑和设施因失去原有功能而闲置，或在更新改造中被拆毁。

随着遗产概念的不断拓展，我国学术界开始逐渐重视工业建筑的价值，并在实践中进行探索验证。如中山岐江公园便让人耳目一新，体现了传统工业建、构筑物的美学价值；北京798工厂的自发性平民化改造实践则创造性地将新兴创意产业与破旧厂房、仓库结合起来，进而演绎成

1.工业遗产保护在我国已逐渐开始受到重视
2.大量一般性的工业地段调查仍被忽视

北京新的时尚街区，使我们看到了新与旧结合的可能性。

然而，更大量的工业地段和工业建筑则在城市急剧扩张、快速更新的过程中被忽视。社会缺乏对其价值认定的统一认识，价值评判更缺少可供参考的标准，研究的滞后也使得规划师和建筑师在各利益方的声音中处于劣势，缺乏权威性。因此，对大量一般性工业建筑的调查和价值评定方法进行研究显得十分重要而急迫(图1)。

2.工业地段与建筑调查评价的困难与不足

对已经废弃或即将进入调整周期的老工业区进行研究仍未得到政府、业主和开发商应有的重视。当前各地由文物部门主持进行的工业遗产普查也多限于建国之前的工业建筑，侧重于点式重点单体的保护，而大量的工业地段和工业建筑则由于建设时间较短、没有很高的文物价值而被忽视。目前的调查研究面临的问题既有现实的困难，也有方法的不足。首先是观念上重视不够，许多工业厂区和工业建筑不做前期研究便被拆除；其次由于产权的限制，工业用地的调整更新一般都是单个厂区进行，研究和设计部门也因此只能在小范围内调查论证，缺乏对宏观整体层面价值的认识；此外在调查方法上也存在着方法单一、过于感性的缺陷，缺乏理性的分析辅助手段。

课题组近几年在郑州西部老工业区、广州后航道洋行仓库码头区、杭州重型机械厂、北京焦化厂等地对遗产类及大量一般性的工业地段与工业建筑进行了持续的调查和研究，并针对不同地段、不同层面的特点制订了调查分析方法，现进行扼要介绍，以期抛砖引玉。

二、工业地段和工业建筑的价值构成与判断

2003年《下塔吉尔宪章》明确了工业遗产的定义及其价值，提出工业遗产具有“历史、技术、社会、建筑或科学价值”。国内学者也对工业遗产的价值构成与划定进行了探讨(刘先觉，2004；陈伯超，2003；俞孔坚，2006；刘伯英，2006)，这些研究主要集中于历史地位突出、保护价值较高的工业地段或者工业遗产，如金陵制造局、江南造船厂、首钢、北京焦化厂等。但有条件列入文物保护名单的只是工业建筑中极少量的一部分，且多为近代工业建筑，大量一般性的工业地段还没有引起足够的重视。对前者的保护在国家文物局的推动下已逐渐有所起色，诸如中东铁路建筑群、青岛啤酒厂早期建筑、汉冶萍煤铁厂矿旧址、钱塘江大桥、南通大生纱厂等一批近现代工业遗产被纳入保护之列。而对后者的调查、评价等方面的研究则几乎是一片空白，这种认识上的偏差很可能导致决策失误(图2)。

通常，作为工业遗产的工业建筑往往具有很高的历史、文化、艺术或科学价值，而大量一般性工业建筑则更多地具有经济、社会和使用价值，相应的评价方法、保护再利用的管理体系也大不相同。珠江后航道洋行仓库码头区是具有很高文物价值的历史建筑群，郑州西部老工业区是大量一般性工业建筑群，而杭州重型机械厂则是独立地段的评价问题。研究过程中我们深切认识到，对于工业地段和工业建筑的评价不能脱离城市背景，在强调历史价值的同时，必须重视其在未来城市发展中可能发挥的作用，才能更好地判断工业地段和工业建筑的综合价值。

1.历史文化价值主导——广州后航道洋行仓库码头区

广州后航道近现代洋行仓库码头区是著名的沙面租界的“一体两面”，沙面集中了英法帝国主义建造的领事馆、洋行、公司、教堂、学校等公共设施，而后航道两岸则集中了这些公司洋行的仓库、码

头。经过几十年的发展，它们大都湮没在后来的建设中，长期没有受到重视，部分已被拆毁或改建。在1.23km²的调查研究范围内，散列分布着太古仓、大阪仓、渣甸仓、龙唛仓等建于20世纪初的洋行仓库，其中有中国第一家柴油机厂——协同和机器厂，还有大量新中国成立之后建造的仓库和厂房。经过深入调查和对历史文献、档案的分析，广州后航道洋行仓库码头区具有研究广州近现代内河港口发展史、广州近现代行业经济发展史的历史价值；同时，作为省港大罢工、孙中山策划武装起义的重大历史事件发生地，还具有承载多重文化符号的文化价值；大量古典、折中、初期现代主义的建筑风格相互叠加交织，又使其具有强烈而独特的艺术审美价值；而后期建造的大尺度厂房、仓库建筑则具有空间功能再利用的经济价值。前三种价值的叠加使地段具有历史文化街区的整体保护价值，而其经济价值则在后航道功能空间由封闭、割裂向开放、整合的城市结构调整的背景下才能体现(图3)。

对于这类历史文物价值很高的地段必须慎重对待，深入挖掘其历史内涵，在地段更新过程中也必须以历史文化保护为导向，因此我们建议将连接成片的约24hm²遗产区划为历史文化保护街区核心保护区，把历史文化价值很高的8处仓库和码头列入文物保护单位进行保护，并整体申报国家级历史文物保护单位。对于地段内存有的大量历史价值一般的工业建筑，则应通过逐一编号、建档、评价后，转换为新的功能以融入城市公共生活。

2.社会经济价值主导——郑州西部老工业区

郑州西部老工业区研究范围约17km²，通过对其调查，我们着重评价老工业区在未来城市中的作用。该工业区始建于1953年，曾是我国六大棉纺工业基地之一，有五座大型棉纺企业、亚洲最大的磨料磨具企业，以及其他各类工业企业共计85家。20世纪90年代中后期开始，在日趋激烈的市场经济竞争条件下，中部城市区位优势不再突出，加之企业自身改革滞后、设备陈旧、产品单一，郑州纺织工业开始陷入发展困境，纷纷面临倒闭或迁建的命运。城市也开始面临产业结构调整、功能结构整合的重大抉择，如何对待这些企业留下的大量工业建筑则被提上了日程。郑州西部老工业区是新中国成立初期全国工业化浪潮中的一部分，承载了太多郑州城市发展的光荣与梦想。20世纪50年代初期"十万纺织大军"进驻的时候，郑州尚为不足十万人口的小城市，很多人从出生到工作、退休都生活在老工业区内。这些厂区的工业建筑体量巨大，具有新中国成立初期中国古典与前苏联样式的糅合特点，配套住区从规划到建筑更处处可见前苏联建筑的影响，具有特殊的历史意义和美学价值。而第二砂轮厂从厂区规划到全部建筑设计均由东德卡尔·马克思设计院完成，具有鲜明的功能主义特征，单体建筑面积超过4万m²，十分壮观。将这些工业建筑进行适应性改造设

3.1934年广州后航道洋行仓库码头分布图

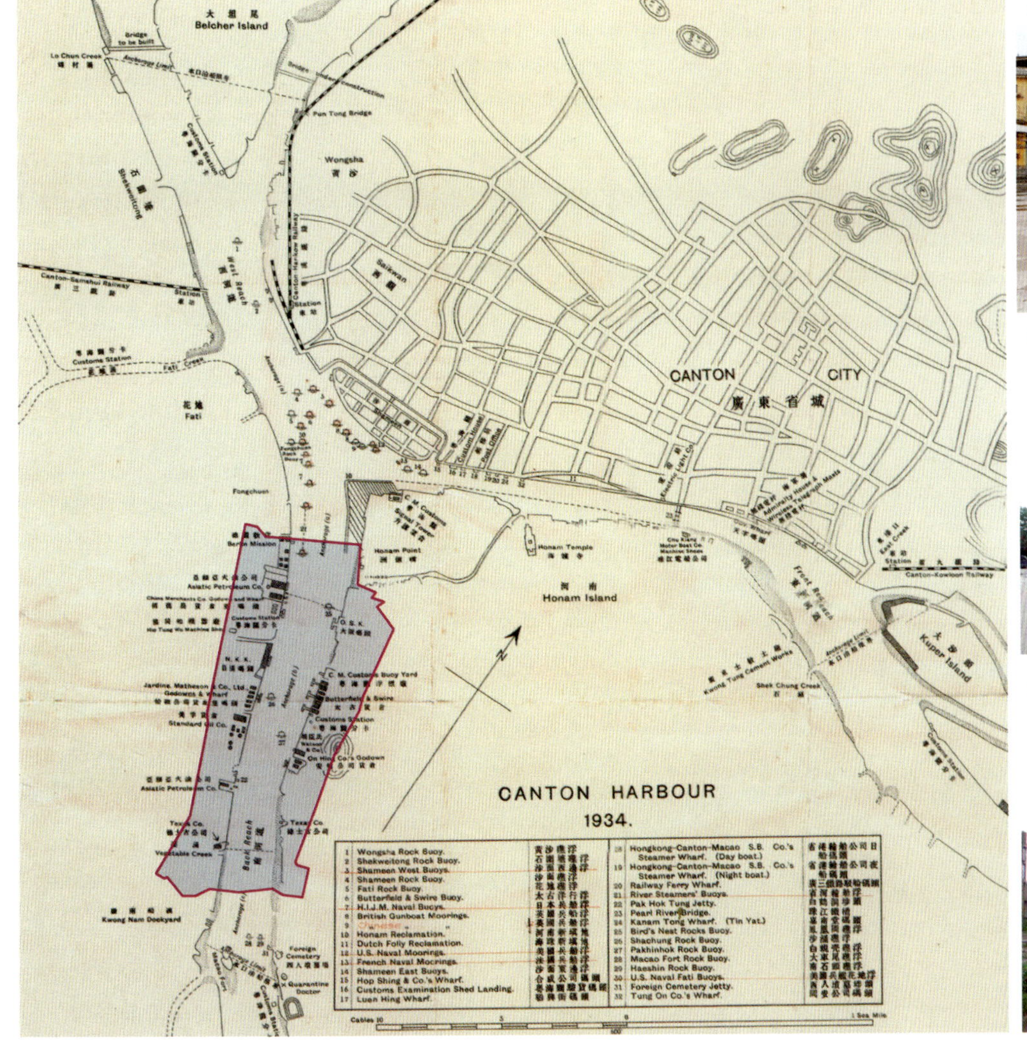

太古仓

渣甸仓

花地仓

4.郑州国棉五厂鸟瞰

5.杭州重型机械厂厂区空间

计，不仅可节省大量资金，也可为城市留下大工业时代的标志(图4)。

对于大量一般性的工业地段和工业建筑，通过调查评估，我们从调整城市整体结构、完善公共配套设施、创造良好的生活环境为出发点，建议将历史价值突出、区位条件优势明显的部分厂区、铁路整体保留，并将其转换为博物馆、展览馆、公园等城市公共设施；将部分质量较好、区位恰当的工业地段和厂房转换为都市产业设施，创造新的工作机会；将体量巨大、结构完好的部分工业建筑转换为商业、体育等各种社区公共服务设施，实现工业地段和工业建筑的新生。

3.新功能置换主导——杭州重型机械厂

杭州重型机械厂始建于1958年，是大型的国有重型机械加工企业，在杭州的工业结构中占有突出的重要地位，从新中国成立初期至20世纪末一直都是杭州加工行业中的支柱企业。在2008年8月笔者的研究展开之时，其大部分厂区已被拆毁，土地用于住宅开发，剩余厂区部分占地面积约60hm²，保留完整的大型厂房仓库十余处。横向比较，除了体量巨大、空间高敞之外，杭州重型机械厂的工业建筑历史价值和艺术价值并不突出，但杭州在新中国成立早期并不是国家重点工业城市，全市范围内能达到如此规模和体量的工业建筑也并不多见，因此这些工业建筑对于杭州具有比较特殊的价值。更重要的是，随着“南拓、北调、东扩、西优”的空间发展战略的实施，杭州提出以重型机械厂搬迁为契机，建设北部城区的次级中心。该举措使得重型机械厂老工业建筑的再利用有了更多可能性，在此背景下研究其社会和经济价值显得格外有意义，因此研究的重点也放在了空间再利用的评价方面(图5)。

三、老工业区和工业建筑现状调查

对具有工业遗产保护价值的工业建筑进行评价，目前多借鉴文物保护单位和历史文化街区的评定方法。而考虑到工业遗产的特殊性，再增加相应的评价指标，对达到保护标准的工业地段或建筑，建议整片划为历史文化街区或列入文物保护单位，纳入文物保护的法定体系。对这类建筑的调查，更多的是关注本体和微观层面的评价，多采用自下而上的调查评价方法。而对于大量一般性的工业地段和工业建筑，我们更应关注其在城市区位转变、功能转型、结构调整等方面的价值和意义，调查的重点也更多地是自上而下的宏观分析结合本体调查。

1.宏观背景：城市区位与功能构成

区位因素往往是当前快速城市化进程中工厂厂区废弃或者外迁的重要推动力，通过对工厂所在区位的调查，探讨区位、交通变化对地段产生的影响，其结论有助于理解工厂废弃或搬迁的深层动力机制。如郑州西部老工业区，在建成之后的30余年中一直处于西部郊区。20世纪90年代中后期郑州城市化开始进入高速发展阶段，高新技术开发区、郑东新区的建设拉大了城市框架，三环以内城市中心功能逐渐加强，中心城区土地快速升值，老工业区土地使用的低效愈发明显。加上企业自身的经济困境，这些推力综合作用致使一大批企业倒闭或外迁，如拖拉机厂、水工机械厂、油脂厂等土地通过招、拍、挂的形式被地产商拍得。这种逐个地块、逐个厂区的更新结果是造了大量住宅，却未能为城市结构创造新的发展契机，对增强三产功能、创造就业机会、创造新的城市公共空间都未能作出贡献。

2.中观层面：厂区格局

《下塔吉尔宪章》明确指出“加工流程的稀有性也具有特殊价值”。工厂格局反映生产流程，功能分区明确、空间结构逻辑清晰是

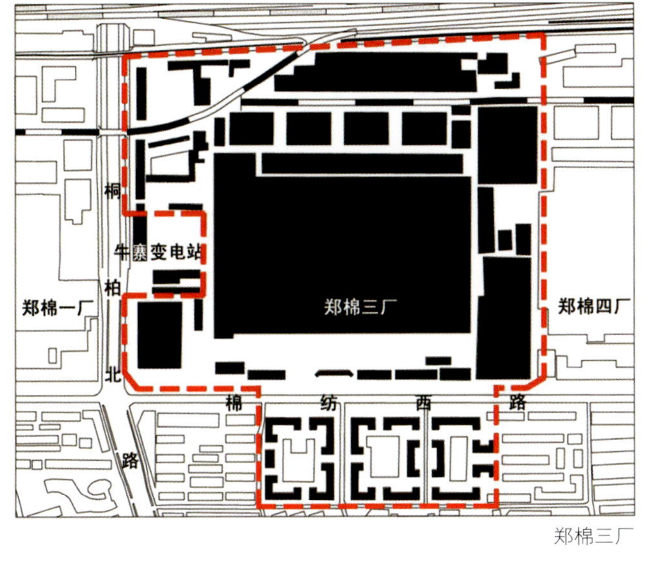

郑棉三厂

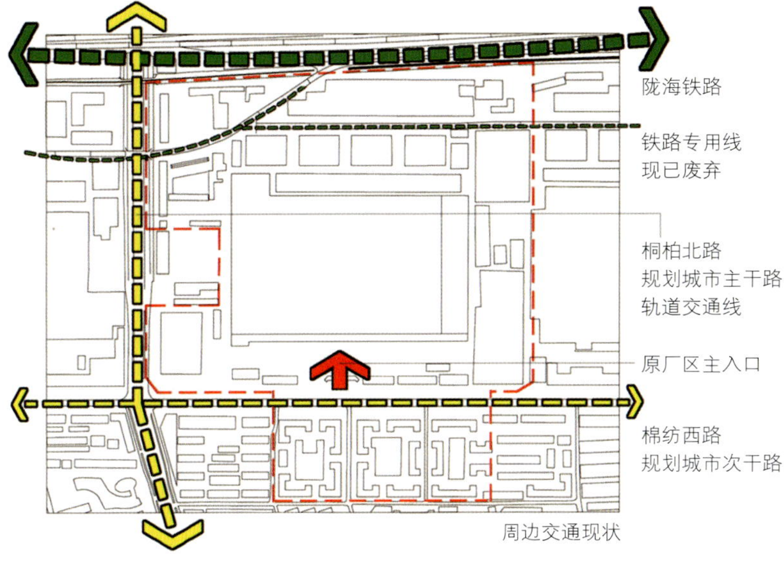

周边交通现状

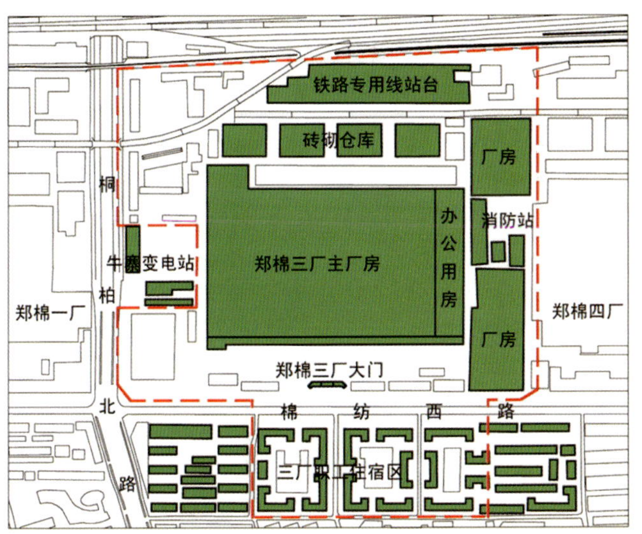

现状功能分布

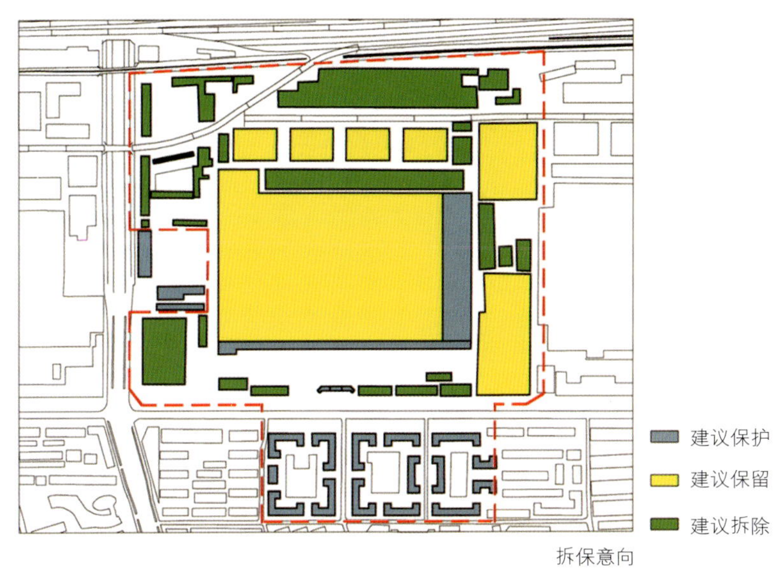

拆保意向

资源优势：大量工业厂房和办公建筑，有很高的历史价值，可以成为郑州工业化时代的纪念性场所。

工业时代的铁路专用线，对这些轨道进行改造利用，不仅可以定格那段工业时代的历史，也能够创造出全新的城市景观。

主要问题：缺少公共绿地、活动场所，内部景观元素零散凌乱，缺乏有效的空间组织，整个地区景观空间难以与城市景观融为一体。

6.郑州国棉三厂厂区格局分析

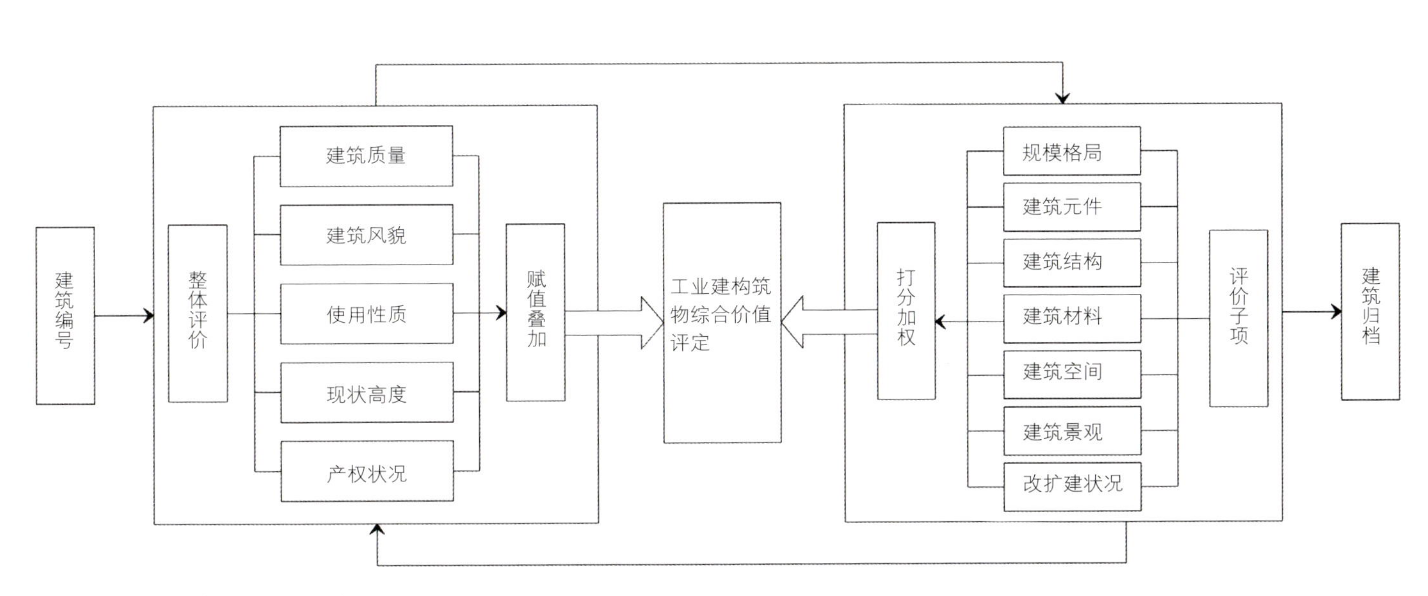

7.一般性工业建筑的调查评价程序与内容

其基本特点，对厂区格局的调查同时也是对特殊生产流程的调查。北京焦化厂案例，根据工艺特点，可整理出“备煤——炼焦——焦油——脱硫、脱氨——精苯”的生产流程，其中所对应的设备、厂房在国内具有“第一”、“最大”等判断条件，因此其价值在于整体性，可将厂区核心流程中的建、构筑物进行整体性保护。

对于生产流程相对简单的厂区而言，可分两种情况调查：对历史保护价值较高的厂区，重点分析使用功能的转换与原有厂区空间的结合；而对于一般性的厂区，调查的目标在于分析其道路、空间肌理、基础设施如何在更新中更好地融入城市。郑州西部老工业区有五大棉纺厂沿陇海铁路南侧并列分布，其生产基本流程为，铁路支线原料运输——棉仓——纺织车间——成品布。车间与厂前办公相连，棉纺路以南为生活区，这种模式始于1953年的国棉三厂，并在以后推广至石家庄、西安等大型棉纺厂。调查中考虑到其整体性，将生活区、厂前区、生产区和仓库区作为一个整体进行综合评价(图6)。

3.本体调查与评价：工业景观与建、构筑物

工业建、构筑物的本体调查是其价值评定的基础，也是量化评定的核心。构成工业景观基底的元素包括厂房、仓库等建筑，也包括烟囱、管道、传输带、冷却水塔等构筑物，以及吊车、铁路、生产和存储等大量生产流程中的设备。这三类元素也构成了工业地段本体调查的要素，尤其是建筑物和构筑物，是进行价值评定和未来功能再利用的载体，更需要细致认真地评价。

工业建、构筑物的本体调查有两个层面，一是整体状况，包括建筑质量、建筑风貌、现状使用性质、建造年代、现状高度、产权状况等子项；二是建、构筑物本身的子项因素，包括规模格局、建筑元件、结构、材料、空间、景观、改扩建状况等方面。整体层面采取分类分级评价的方法，对子项因素则采用特菲尔法进行分解打分评价，最后结合两个层面的评价因子得出评价对象的综合价值，基本框架见图7，具体项目调研内容见表1、表2。

4.环境污染状况调查与评估

经过数十年的工业生产，其产生的重金属、油污、粉尘，甚至放射性物质等大量污染物不断沉积下渗，对土壤、地下水、地表水体和空气造成严重污染。如北京焦化厂苯系物污染地下土壤局部深达9m，

广州珠江后航道近代洋行仓库码头区建筑调研表　　表1

调查表编号：		调查人：		日期：　月　日		
建筑名称或编号：		门牌编号：		照片拍摄方向：		
保护等级	1.国家级	2.省级	3.市级	4.区级	5.有保护价值的历史建筑	6.一般建筑
使用情况	使用功能		产权情况	使用人口数	人口构成	使用者人均收入
	1.办公	5.商业	1.公房	1.10人以下	1.本地人口	1.>3000元/人月
	2.仓储	6.公共设施	2.私房	2.10～20人	2.外来人口	2.1000～3000元/人月
	3.工业	7.其他	3.半公半私	3.20～30人	3.无人	
	4.居住		4.废弃	4.30人以上		3.<1000元/人月
	建筑改造情况				搭建情况	备注
	1.原梁架和墙体未改造		5.平面未进行重新分隔		1.无搭建	
	2.原梁架未改造，墙体改造		6.平面重新分隔		2.少量搭建	
	3.原梁架改造，墙体未改造		7.原门窗未改造		3.大量搭建	
	4.原梁架和墙体都已改造		8.原门窗已改造			
建筑情况	建设年代	建筑类型	建筑风貌	建筑层数	建筑结构	建筑风格
	1.1840年以前	1.仓库	1.一类	1.一层	1.框架	
	2.1840～1912	2.办公	2.二类	2.二层	2.砖石	
	3.1912～1949	3.住宅	3.三类	3.三层	3.砖混	
	4.1949～80年代	4.宗教	4.四类	4.四层	4.砖木	
	5.80年代后	5.附建		5.五层	5.木构	
		6.其他		6.其他	6.其他	
	屋顶	建筑朝向	建筑质量	损坏情况	庭院绿化	备注
	1.双坡顶	1.南	1.完好	1.梁架倾斜	1.有园林	
	2.部分坡顶	2.北	2.一般	2.漏雨	2.较好	
	3.平顶	3.东	3.差	3.墙体开裂	3.一般	
	4.其他	4.西	4.危房	4.白蚁	4.无	
建筑装饰	外墙材料	外墙色彩	门头、窗罩	雕刻	铺地	备注
	1.砖	(描述)	1.较好	1.较好	1.砖	
	2.水泥	(取样)	2.一般	2.一般	2.水泥	
	3.土		3.无	3.无	3.木	
	4其他				4.土	
设施情况	上下水	电力线路	电视.电话线	生活燃料	户内卫生间	备注
	1.上水	1.老化，不能满足使用	1.电视	1.煤	1.有厕所	
	2.下水		2.电话	2.液化气罐	2.无厕所	
	3.上、下水	2.尚能满足使用	3.电视，电话	3.管道煤气	3.有浴室	
	4.无	4.无	4.无	4.无	4.无浴室	

杭州重型机械厂工业建筑调研评价表　　表2

调研项目	调研与评价					照片
概况	类型	年代	级别	现状用途	现状评价	
规模格局	风格	规模	开间层高	现状用途	平面格局	
建筑元件	名称	优势		劣势		
	门窗					
	屋顶					
	柱子					
	墙体					
	入口					
	装饰细部					
	基础					
	散水					
结构	结构类型		结构技术评价		结构形态	
材料	位置		外观描述		描述状况	
空间	场域空间		建筑空间		环境空间	
区位	城市区位		繁华程度	交通便捷度	公共设施	
权属	土地性质		使用期限		规划限制	
环境景观	地段环境景观		景观特色			
改扩建	内容		评价			
构筑物	内容		评价			

如果不能采用恰当的手段进行治理，这些污染物将对未来使用者的健康构成巨大威胁。在发达国家，污染问题往往被作为“棕地再开发”(Brownfield Redevelopment)最重要的考量因素之一，并制定了一系列调查、评价、开发的法律和标准，以法律的形式确定污染治理的责任者。遗憾的是，这一问题在我国至今仍未引起重视，没有建立相关的法规和标准。现状调查中，参考国外经验，根据工业地段不同产业类型在空间上表达出不同的污染程度，以便在新的功能研究中根据需要制定不同的治理对策(表3)。

不同工业地段的风险等级评估参照表　　表3

风险等级		土地使用和工业生产类型	风险指数	风险种类
A级	1	石棉制造和使用	1.00	高
	2	有机和无机化学产品	0.93	高
	3	放射性的物质和处理	0.88	高
	4	煤气、焦炭工厂、煤炭碳化和类似的地带	0.85	高
	5	废物处理地带(危险废物，垃圾，焚化装置，公共厕所，清理鼓和清理槽，废物溶液)	0.85	高
	6	石油精炼，石化生产和储存	0.84	高
	7	杀虫剂工业	0.83	高
	8	制药工业，包括化妆品	0.82	高
	9	化学精炼，燃料和颜料工业	0.82	高
B级	10	颜料，清漆和墨水工业	0.79	高
	11	动物屠宰和加工，包括肥皂、蜡烛和骨作业	0.78	高
	12	制革和皮革作业	0.77	高
	13	金属熔炼和精炼，包括熔炉和铸造，电镀，电流和阳极电镀	0.74	高
	14	炸药工业，包括焰火工业	0.73	高
	15	钢铁工业	0.72	高
	16	残料堆放院落	0.68	高
	17	工程（重型和一般）	0.66	高
C级	18	橡胶生产和处理	0.65	中度
	19	焦油，沥青，油布，乙烯基和沥青工厂	0.65	中度
	20	混凝土，陶瓷制品，水泥和塑料工厂	0.65	中度
	21	采矿和萃取工业	0.65	中度
	22	发电(不包括核电站)	0.64	中度
	23	电影胶片和相机胶片处理	0.63	中度
	24	消毒剂工业	0.62	中度
	25	纸和印刷工厂	0.60	中度
	26	玻璃工厂	0.58	中度
	27	肥料工厂	0.58	中度
	28	木料处理工厂	0.58	中度
	29	污水处理厂	0.54	中度
	30	汽车修理厂(包括机动车燃料加油站，汽车和自行车修理)	0.53	中度
	31	汽车站，公路拖运，商业汽车加油站，地方管理修车场和补给站	0.53	中度
	32	铁路用地，包括院落和轨道	0.53	中度
	33	电力和电子工厂，包括半导体工厂	0.48	中度
	34	纺织和染色工厂	0.48	中度
	35	洗衣店和干洗店	0.48	中度
D级	36	塑料产品工厂，浇注和挤压工厂；建筑材料；玻璃纤维；树脂玻璃纤维和制品	0.48	中度
	37	造船厂	0.48	中度
	38	食品处理，包括酿造和麦芽作坊，酒精蒸馏	0.45	低
	39	机场及其相关地段	0.45	低

资料来源：Paul Syms. Previously Developed Land. Industrial Activities and Contamination. Oxford, UK. Malden, MA ：Blackwell, 2004.

四、小结

我国部分省市已经或即将进入后工业化时期，许多城市老工业区的转型、更新矛盾日益突出。转型期内，由于传统认识的偏见和研究的不足，在已开展的许多老工业区更新实践中存在着显见的失误：如过度关注经济层面而忽视物质空间层面，过度关注建筑的单体保护而忽视整体价值，过度关注房地产开发而忽视城市的整体利益等等，从而给城市发展带来新的不适应。工业地段和工业建、构筑物的调查与评价作为保护和更新的基础，仍有诸如多学科协同工作、公众参与的程序与方法等大量问题尚需深入研究。

*国家自然科学基金资助项目(项目批准号：50878045)和教育部“新世纪优秀人才支持计划”资助项目(NCET—05—0472)

参考文献

[1]Paul Syms. Previously Developed Land. Industrial Activities and Contamination. Oxford, UK. Malden, MA：Blackwell, 2004.

[2]王建国，蒋楠.后工业时代中国产业类历史建筑遗产保护性再利用. 建筑学报，2006(8)

[3]单霁翔. 城市文化遗产保护与文化城市建设. 城市规划，2007 (5)

[4]张毅杉，夏健.塑造再生的城市细胞——城市工业遗产的保护与再利用研究. 城市规划，2008(2)

[5]俞孔坚，方婉丽.中国工业遗产概述. http://ih.landscape.cn

作者单位：东南大学建筑学院城市规划系

1.都匀112厂(长虹机器厂)
2.遵义532厂(长新机器厂)

走进三线：寻找消逝的工业巨构

Into the Third Line: Finding the Disappearing Industrial Super-Structure

饶小军 胡 鸣 周慧琳 黄跃昊 *Rao Xiaojun, Hu Ming, Zhou Huilin and Huang Yuehao*

[摘要]2008年7月下旬，我们沿着贵州三线地区实地考察那些业已消失的工业建筑，真实体验了20世纪60年代中国早期现代工业建筑的现况。本文试图以实地考察报告的方式，将考察中的现场感再现其中，从一个片断和侧面的角度探寻对三线建筑的感性认识，更重要的是从一个本源性的角度去思考中国现代建筑产生的源流和发展过程，使我们重新认识中国工业建筑遗产的历史价值和美学价值。

[关键词]贵州三线、工业建筑、现代建筑、工业遗产

Abstract: *Late July 2008, we went into the third line area in Guizhou Province to study the disappearing industrial buildings, and witnessed the present status of the industrial buildings built in the 1960s. In the form of a field report, the article tried to bring lively sensations generated during the exploration. Most importantly, it brought a fundamental perspective to rethink the origin and development path of modern Chinese architecture, giving us opportunities to recognize the historical and aesthetic values embedded in modern Chinese industrial heritage.*

Keywords: *third line area in Guizhou, industrial building, modern architecture, industrial heritage*

汽车颠簸在黔东南蜿蜒曲折的山间小路上，窗外是绵延的丘陵山脉，薄雾弥漫在空旷的田野，映衬着山峰峡谷间若隐若现的一处处砖红瓦灰的三线工厂，这是一段业已消失且鲜为人知的历史。今年夏天，我们一行四人走近三线，试图去寻找那些正在消逝的工业巨构，体验那段值得纪念的"三线"岁月……

"三线"包括川、贵、云、陕、甘、宁、青等西部省区及晋、豫、两湖、两广等省区的部分地区，按地理划分区域为甘肃乌鞘岭以东、京广铁路以西、山西雁门关以南、广东韶关以北。它位于我国腹地，离海岸线最近在700km以上，距西面国土边界上千公里，加之四面分别有青藏高原、云贵高原、太行山、大别山、贺兰山、吕梁山等连绵山脉作天然屏障，在备战形势下，是较理想的战略后方。用今天的区域概念来说，三线地区实际是指除新疆、西藏之外的中国西部经济不发达地区。

20世纪60年代后，中国所处的外部环境日益紧张，严峻的国际形势极大地影响着中央的判断和对战争与和平的估计，这是中央制定并实施三线建设计划的国际因素。

1964年到1980年，是国家三线重点工程的建设期，长达16年之久，横贯三个国民经济五年发展计划。在当时的社会政治背景下，这是一场以备战、备荒为中心，以工业交通、国防科技工业为基础的大规模的基本建设，共投入2050余亿元资金和几百万人力，安排了几千个建设项目。规模之大，时间之长，动员之广，行动之快，成就之显著，在我国基本建设史上是空前的，对此后国民经济的产业结构和布局，产生了极其深远的影响。

3. 都匀112厂（长虹机器厂）
4. 都匀504厂（长洲机械厂）
5. 德国AEG公司汽轮机厂
6. 德国法古斯鞋楦厂

一、一代人的梦想和记忆

贵州三线是一处神秘的地方，历史沉淀了整整一代人的梦想和记忆。

在阴凉潮湿的山间厂区门前，偶遇一些当地人。他们怀着异样的眼光打量着我们这些外来者，充满猜测和敌意。前去问路，或迟疑躲避，或沉默不语。但终会遇到一些热心的退休老人，一番盘问之后，才与你侃侃而谈，述说他们当年的“革命家史”……

那确实是一段感人肺腑、催人泪下的故事。

20世纪60年代，一代青年知识分子，响应毛主席的号召支援三线建设。他们怀着满腔的热情和对毛主席的敬爱，离开了城市，纷纷从各大院校走进三线，来到西部贫瘠的山区，在深山丛林中过着简朴的生活，开荒建厂，开始他们新的事业和生活，为我国国防建设奉献了毕生的时间和精力。他们中的大部分来自上海、南京、哈尔滨等大城市，却义无反顾地扎根深山。若干年后，虽也有人选择离开，但更多人留了下来，操着家乡的方言，默守着这一方水土。这里成了他们的第二故乡。

“三线人”对三线工厂有着一种难以言说的情感。凯里一位91岁的上海老人，返迁回沪多年以后，带着孙子来到自己曾经工作战斗的地方，讲述着过去的历史，希望后代不要忘记那段激情燃烧的岁月。他们用热血创造了中华人民共和国工业发展的历史，然而，历史却似乎忘却了他们的存在。

三线的人如今已是白发苍苍，依然生活在工厂的生活区。改革开放后，这些军工企业或搬迁，或“军转民”，或政策性倒闭，剩下空置的厂房，长满野草和青苔，就像这些垂暮的老人一样，等待着命运的最终安排。

二、中国现代建筑的工业源起

三线工厂从无到有，完全是靠三线人当年忘我的工作奋斗，只有了解了三线人那段艰辛的岁月，我们才能去体验、感受、理解、欣赏粗犷而朴实的三线工业建筑的真实意义和人文内涵。在贵州三线，我们不仅看到了最真实的建构，更感受到了红砖里的三线人对辉煌过去的骄傲，或许还有对未来的憧憬。

贵州三线地区的工业建筑布局集中在遵义、安顺和凯里，汇集了中国航天、航空以及电子工业基地，主要集中了机械和电子两大工业类型。大量的工业建筑为20世纪60年代所建，现已基本倒闭和废弃。它们保留了相同的空间格局，建筑形式上大同小异，风格朴实，基本以红砖、素混凝土和金属钢架为建筑材料。

贵州三线的工厂充满着神奇诡秘的色彩。光是那些复杂的编号，如061、083、011、532、504、414、208、211等，就足以让你感到神秘莫测，你永远无法知道所有符号代表的真实含义。唯知情者才懂得其中的秘密——那是军工企业的标识，外人则如读天文数字一般，难以破解其中玄机。

沿着那杂草丛生、荒寂无人的厂区碎石铺路前行，从丛林密布的缝隙间，可发现那密集阵列的红砖厂房，残垣断壁上依稀可见一些褪了色的标语口号“抓革命、促生产”、“备战、备荒、为人民”……遥想当年这里沸腾的工业生产画面，与眼下这荒漠寂寥的场景相比，确实有一种让人说不出的苍凉落寞之感（图1～4）。

新中国成立以后工业建筑的发展，早期主要受当时前苏联的影响。一方面在民用建筑上继续延续着新古典主义的民族建筑样式，一方面为赶英超美，大力发展重工业基地和军工企业，产生了一批现代的工业建筑，大多数集中在三线地区。废弃的工业巨构已逐渐为历史所湮没，并未受到建筑史研究者们足够的重视和关注。

三线工厂让我们联想到一些西方现代建筑发展早期的工业建筑实例，如德国建筑师彼得·贝伦斯为德国AEG公司设计的汽轮机厂（图5），以及沃尔特·格罗皮乌斯和阿道夫·迈耶尔合作设计的法古斯鞋楦厂（图6）。其采用钢筋混凝土梁柱结构体系，构成了简洁而没有细部装饰的长方形玻璃盒子，透明的玻璃幕墙可以清晰地表现建筑的结构。这是20世纪初现代建筑的经典范例，为其奠定了全新的形式语言、技术表现以及机械美学的基础。

在西方现代建筑史的发展过程中，工业的发展孵化出了现代工业建筑，而现代工业建筑的发展又对现代建筑有着深远的影响。19世纪钢铁与玻璃的问世，带来了建筑的彻底变革，而建筑先驱者正是从工业建筑的基础上发展出现代建筑。由此可以说，现代建筑是工业社会的产物。

三线工业建筑作为见证中国现代工业发展的历史遗存，堪称中国现代建筑早期的工业源头，应该在中国现代建筑发展史上获得应有的地位。

三、一种清晰、表里如一的空间

一些巨大的厂房建筑往往会出现在难以辨识的小路尽端，它们是一些红色砖混结构的贵州三线工业厂房。在砖砌的承重墙体之间，穿插着圈过梁和构造柱，屋顶则是混凝土的桁架，上面承载着厚重的预制板和隔热架空层(图7)。其几乎没有任何的装饰，少有的一点也是以叠涩的砖头砌筑而成的"备战、备荒"之类的革命口号(图8～9)。

厂房的内部则是另一番壮观的景象：高大纵深、通透明亮，可容纳巨型设备，上面有采光通风的天窗。纵向层叠的屋顶桁架和外墙柱形成韵律十足的透视效果，巨大的结构"牛腿"支撑着桁车大梁，上面可运载5t大吊车。地面原是水磨石铺制，抹去多年的封尘，依然光滑。墙面显然由于年久失修，到处是苔痕斑迹，给人一种历史的沧桑感(图10～11)。

厂房的空间布局可以反映出工业的功能类型和生产流程。贵州三线工业建筑类型包括了冶金、机械、化工、建材以及军工等，不同类型的建筑形成了不同的建筑空间布局。不但有尺度巨大让人震撼的巨型结构，也有采用多跨度、单层厂房的加工车间(图12～13)。而且，每个工厂都形成了一个独立的生活社区，一般在厂前区都有宿舍、食堂和大礼堂等公共配套设施。一位留守厂区的老工人风趣地说："我们三线从生到死都能在厂区内解决。医院、学校、食堂……连殡仪馆都有"(图14)。

在都匀504厂区废弃厂房里，有一座巨大的锅炉房，容纳着三个巨大的混凝土漏斗状填料仓。整个厂房有四五层高，赫然立在眼前，带给你一种生活中不曾有过的空间感受。其高大逼仄的力量威慑、震撼着你，使你突然感到人是如此渺小和脆弱，俗世的美学和时尚在这些

7.遵义532厂(长新机器厂)
8～10.都匀504厂(长洲机械厂)
11.凯里208厂(红云器材厂)

12.凯里全江化工厂
13~17.都匀504厂(长洲机械厂)
18.19.遵义532厂(长新机器厂)

工业粗犷的巨构面前显得十分矫情和做作。在这个巨大的高宽比"失常"的空间里，上楼成了冒险者的游戏。空间内部只有一部铸铁楼梯，抬头仰望，其如藤蔓植物般交叉向上，依附在一片陡直的砖墙之上(图15～17)。

遵义长新机械厂(532厂)隐藏于山谷之中，红墙灰瓦在绿树丛中若隐若现，就这么依山就势地"生长"在了山谷里。建筑屋顶上的采光天窗提示了它的身份。机械厂的生产流程对空间布局的要求相对灵活而自由，532厂的厂房基本上是分开设置的，以单跨厂房为主(图18～19)。由于机械工业污染较小，所以可以把生活、办公、生产结合在一起。在厂房不远处可以隐约看见一处小瀑布，建筑和自然环境相互交织，红砖墙和绿水青山浑然一体，好一幅世外桃源的和谐画面。

16
17
18
19

四、真实的建构：建筑学的本体价值

仔细阅读贵州三线的工业建筑，可以发现它们基本上是用最简朴的混凝土、红砖和钢木等材料，表达着一种清晰、真实、表里如一的建造精神。20世纪六七十年代，中国建筑创造了一种独特的建造类型，即砖混结构形式。它的主要承重结构为砖砌墙体，楼板、过梁、楼梯、阳台、挑檐等构件由钢筋混凝土浇筑（或预制）建造的房屋，具有施工方便、经济节省的特点。三线地区的工业建筑大量使用了这种结构类型，即以砖石、竹木和混凝土等为主要材料，通过简单的加工技术使建筑在短时间内可以建成。这种建造的“低技”策略，构成了三线工业建筑建构形式的主要特征——表现了材料自身的基本特性和材料变化过程中的转折、交接和过渡所形成的构造特点。

红砖是三线建筑中最多见的材料。云贵高原在阳光下闪耀着刺目的光芒，红砖亦折射出斑斓的色彩，朴实无华，令人心醉神迷。黏土红砖墙间隔着柱子、圈梁等结构构件，红砖作为承重墙围护结构或混凝土框架结构的填充材料，直接暴露映衬着梁与柱的真实搭接方式（图20～23）。从这种简朴的材料和构造方式当中，我们似乎寻找到了建筑的本原状态，即一种返璞归真的自然构造。大千世界显于芥末之微，人与自然的真实关联，通过一些材料加工和构造节点得以体现。

贵州三线工业建筑在建造的过程中，还遵循了技术的逻辑，清晰地表现了建造的工艺过程，以及构造节点、梁柱的搭接关系。“结构体系”的承重和受力杆件以及节点构造体现出功能和结构的要求，其形式、强度、耐久性和可加工性都影响了建造的整个过程，也决定了建筑的最终形态。走近这些工业厂房，其工艺流程和结构方式、外表形式与建造材料之间的关系，整体上的空间与功能的关系，以及细部材料与构造的关系都是清晰可读的。

“细部构造”表达了一种建筑的真实性内涵。它作为整体中一个局部的片断，可以是一个独立的构件，或者是整体空间的一个界面。贵州三线工业建筑注重材料、结构、功能和技术的忠实表现原则，发挥其特质，构成了一种独特的建筑语言（图24～25）。

离开贵州三线时，我们为那些三线人的精神和真实的工业建筑所感动，留下了难以忘怀的印象。众所周知，随着社会经济的发展和产业结构调整，三线地区传统的资源矿产型城市和工业设施逐渐衰竭，其工业建筑、环境以及基础设施条件无可避免地滞后与老化，出现了功能性的衰退。今天这些建筑物正逐渐被废弃，无声无息地快速消逝。研究、保护和抢救三线建设时期的工业遗存，重新赋予三线工业建筑在国民经济发展史中的重要地位，是经济建设中不可疏漏的重要课题，也是国家文化遗产保护当务之急的任务和重要使命，更是工业考古学和建筑学所应关注的重点。

也许，我们无法给三线带来某种改变，但是我们相信，三线工业建筑作为中国建筑的工业遗产，将会越来越受到人们的重视。我们期待着有一天，三线工业建筑的秘密可以被揭开，令那段感人的历史为更多的人所了解。而我们今天的工作也将作为三线工业建筑历史的基础研究和遗产保护的重要开始，得到人们的认同和理解。

20.凯里208厂（红云器材厂）
21.凯里全江化工厂
22.都匀112厂（长虹机器厂）
23.凯里208厂（红云器材厂）
24.遵义3414厂（五岭化工厂）

20

21

22

23

24

25.贵阳化工厂

五、工业建筑遗产保护：摆在面前的急务

近年来，中央明确提出了促进区域协调发展战略布局的重大战略举措，而其中的"西部大开发"和"中部崛起"战略，针对的正是早期历史上所界定的"三线地区"。其在该战略布局中占有突出地位，具有十分重大的经济意义和政治意义，为中部地区各省的经济发展提供了良好的契机。然而，要特别注意的是，中西部地区的开发战略，将带来各地区城市化进程加速发展，传统工业社会日益衰退。大规模的城镇建设，也许会使大量具有重要历史、社会和文化价值的近现代工业文化遗产被大量拆毁，留下千古遗憾。

贵州三线建设时期所形成的产业遗址，记载了普通大众的生产和生活，是社会认同感和归属感的基础。需要强调的是，三线建设时期的工业遗产承载着一代工人阶级诞生和发展的历史。工人阶级是在社会主义建设时期伴随着工业化发展而诞生并成长的，其登上历史舞台是当年人们引以为傲的标志性事件。我们曾经讲述和歌颂的新中国一大批工人劳动模范，确实为共和国工业发展作出了重要贡献，他们当时在三线地区的艰苦条件下，用简陋的技术设备创造了工业的奇迹。我们当为后人留下除了文字之外，当年实地的场景和实物。今天的人们以及后世子孙，要了解中国工人阶级和工人运动的历史，便可以在三线建设时期的工业遗产中找到实物印证。其泯没势必将造成历史实证的重大缺憾。

因此，研究、保护和抢救三线建设时期的工业建筑是摆在面前的急务，是整个工业遗产保护的重要内容和空间组织形式之一。其既是一种超越功利主义的文化理念，也是一种超越物质形态规划的挑战。加强工业遗产的保护、管理和利用，对于传承人类文化历史，保持和彰显一个国家的文化底蕴和特色，推动地区经济社会可持续发展，具有十分重要的意义。

*本文为国家自然科学基金资助项目《南方既有建筑的绿色改造研究》(项目编号：50778112)子课题项目之一。

作者单位：深圳大学建筑与城市规划学院

沈阳工业及工业遗产探源

Modern Industry and Industrial Heritage in Shenyang

陈伯超 *Chen Bochao*

[摘要]沈阳是中国重要的工业基地，今天其面临经济产业的结构性调整，将经受一个历史性的改造、转变和发展的时段与过程。面对这一形势及对它们进行保护、改造和再利用的研究与设计任务，不可避免地要涉及它们的历史背景，本文便对沈阳工业及工业遗产的历史情况进行了追溯与分析。

[关键词]沈阳、工业、遗产、历史

Abstract:*Shenyang is the important industrial base in China.Today,the city is facing the structural adjustment of the economical industry, as well as the renovation ,transformation and development of the history. In this period of the study and design for preservation,renovation and reutilization,the history background can not be ignored .The author analyses and recounts their history of industry and industrial heritages in Shenyang in the paper.*

Keywords:*Shenyang, Industry, Heritage, History*

沈阳是中国重要的工业基地，为共和国作出了巨大的贡献。其工业起步早、规模大，在许多领域都居于全国前列，曾经创造过300多项"新中国第一"的奇迹，而以机械装备业和军事工业为主的重工业地位尤其突出。今天的沈阳工业面临经济产业的结构性调整、体制和资产的重大重组、产品结构的更新换代，将经历一个历史性的改造、转变和发展的时段与过程。面对这一形势及对它们进行保护、改造和再利用的研究与设计任务，不可避免地要涉及它们的历史背景——这是我们分析与判定其历史与文化价值的一个重要方面，也是我们在对它们进行改造、利用和保护的过程中，能够充分发挥它们经济与文化价值的关键问题之一。

沈阳工业起源于近代，在清末新政和洋务运动的背景下产生，在本土资本与外来资本两大体系的竞争中成长，在殖民掠夺的环境中起伏动荡，在新中国的举国支持下迅速发展壮大，从而令这座城市成为了中国的工业之都。

一、主宰沈阳近代史的两大强势

1.屈辱的中国近代史

外国列强的肆虐——由于清政府的没落与懦弱，也由于军阀混战，中国的政局如同一盘散沙。面对西方列强的入侵，清政府毫无还手之力，只能一再退让。中国很快沦落至面对西方列强的一方强势，任其肆虐之颓势。于是其意识形态也由清末政府主张新政、推行洋务运动的积极方面，转变为消极的盲目崇尚西洋文明、麻木接受其政治与文化渗透，甚至为虎作伥，自我压制抵抗思想和力量。因此，为外来的近代建筑文化强行地长驱直入打开了门户。相形之下，本土文化的势力和作用被局限和消弱。在不同地区，二者力量对比的强度有所不同。

2.沈阳近代史中的特殊性

(1)沈阳近代史中体现着双重强势的作用——外来势力、外来文化与本土势力、本土文化。

(2)以奉系为代表的本土势力——特别是在1931年沈阳沦陷之前，奉系作为沈阳近代政治、军事、经济力量的统领，一方面依附于日本，寻求他们的支持与庇护，另一方面又不甘心于他们的欺辱，与之相抗衡，以致形成强有力的竞争。在这种关系中，由奉系资本建设与发展起来的军事工业和铁路系统，成为沈阳近代早期工业和民族工业的主体。

1.盛京将军依柯唐阿奏折
2.盛京机器局
3.电灯厂
4.马拉铁道

(3)以日本为代表的外来势力——驻扎于中国的外来列强呈现为日本一强"排他独霸"的局面。最早俄国在东北占据了强势地位，日本对此垂涎三尺，于是策划和发动了甲午战争和日俄战争，后来居上，取而代之。

1903年，美国向中国提出开放奉天(今沈阳)和安东(今丹东)的要求。双方首先修改了"通商续约"，确定开放奉天等地为商埠。日本不甘落后，随即提出要求向日开放奉天和大东沟。于是，清政府又以"美约既已允开"为由，遂以照办。此续约虽因日俄战争实施而被拖延，但已反映出日本在诸列强中，对在沈利益要求的强烈心理。

日俄战争刚一结束，以胜利者姿态出现的日本政府立即迫使中方在北京签定了"中日会议东三省事宜条约"。于是"日人不仅继承了俄人地位，且攫取得许多额外利益"，并再次要求在沈开放商埠。

1931年以后，沈阳沦陷为日本殖民地。日利用其特权加强排斥外国势力与资本(如"9.18"事变前，外商在沈企业共83家，至1937年仅剩53家，其资本总额也不过350万元)，形成日资独霸的局面。

二、竞争中沈阳近代工业的发展

沈阳进入近代之前，工业基础十分薄弱，但已为其发展奠定了条件。

四通八达的交通和联系关内外通道的咽喉位置，使得沈阳的军事地位与交通作用显赫，在历史上一直被作为一座重要的屯兵之城，进而发展为商品交换的枢纽地。特别是成为满清都城和陪都之后，其城市得到了空前的发展。沈阳的手工业和作坊十分发达，其中的一部分业者成为后期兴办近代工厂的带头人。

沈阳近代的工业是按民族资本和外国资本两大体系发展起来的，两股势力相互竞争。

1.民族资本工业体系的发展

(1)由于洋务运动、戊戌变法的刺激作用，盛京(沈阳)地方当局曾作出修建铁路、开设矿山、兴办学堂、开设工厂的努力，形成早期工业的萌芽。沈阳的近代民族工业，在时间上早于外国资本兴起，在规模上，也远远大于外国工业，是沈阳工业的主流力量。但1931年东北沦陷以后，沈阳民族工业也被日本人的枪炮所催毁和侵占。

(2)民族工业在沈阳主要分布在东部的大东工业区和北部的西北工业区。

(3)民族工业的发展过程

1895年盛京将军依柯唐阿奏请清政府(图1)批准，在沈阳大东边门里成立"盛京机器局"(图2)——沈阳第一座官办的机械厂。该厂主要制作兵器，使用了蒸汽动力。1898年改称"奉天机械局"，开始铸造银元，后又改称奉天银元局。与此同期，沈阳又成立了官办的机器制砖厂。

1907年日俄战争后，第一位东三省总督徐世昌力主新政，在加紧"立宪"和"维新"的情况下，成立了奉天工艺传习所；1908年又在奉天银元局内分设电灯厂(图3)，并于1909年正式发送电；随后，电报、电话、自来水等设施在沈城出现；中日合资的马拉铁道公司开始运营(图4)；由清政府自行建设并曾引起外国列强强烈反响的京奉铁路亦全线通车。

1916年4月，张作霖以"奉天人治奉天"为口号，驱逐并接替了袁世凯的帮凶、奉天总督段芝贵，任盛武将军(奉天督军)，兼代奉天巡按使。自此，他身披民国封疆大臣外衣，行使独占东北、争雄中原的军阀政治，沈阳进入了张作霖时代。他为了发展奉系实力，大力发展工业，特别是军备工业。

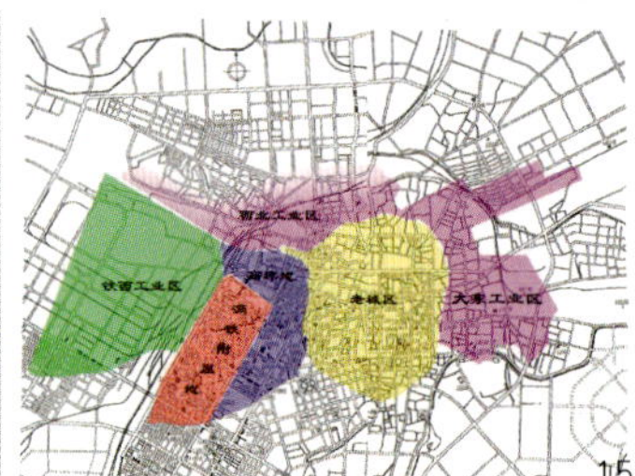

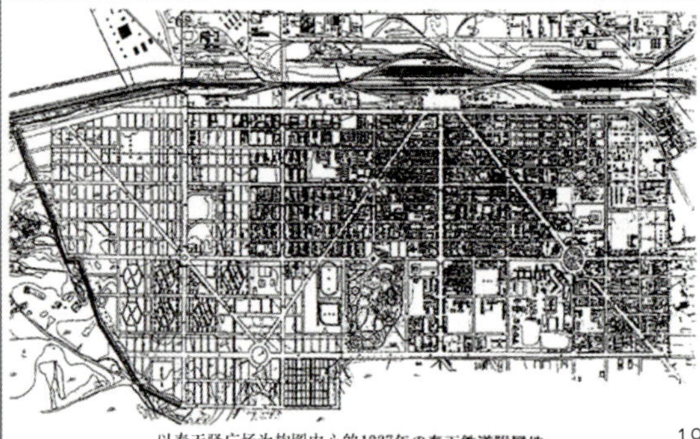

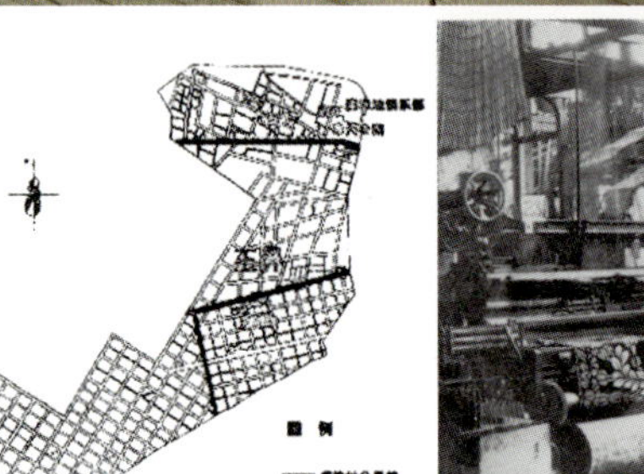

5. 奉天陆军被服厂
6. 纯益缫织公司
7. 东三省兵工厂
8. 肇新窑业公司大门
9. 大亨铁工厂
10. 京奉铁路工厂车间
11. 东北大学附属工厂
12. 迫击炮厂
13. 肇新窑业办公楼
14. 奉天纺纱厂
15. 民族工业分布图
16. 皇姑屯站
17. 辽宁总站
18. 东站
19. 奉天驿广场
20. 30年代的“满铁附属地”
21. 商埠地
22. “满蒙”毛织株式会社
23. “满蒙”纤维株式会社

a.大东工业区(大东新市区及奉海市场)的形成

1916年10月，奉天陆军被服厂(图5)在小津桥建成，使用了机器生产，规模大，设备先进。1918年，官办的纯益缫织公司在大北关创立(图6)，三年后投产。1919年秋，张作霖在大东门外建成东三省兵工厂(今黎明机械厂)(图7)。1922年，奉天省陆军粮秣厂在大东关创建。

1924年，奉海铁路(奉天——吉林海龙)告竣，在大东工业区内又形成了一处"奉海市场(工业区)"。1923年，沈阳历史上的重要民族工业领军人物杜重远从日本留学归来，开办了肇新窑业公司(图8)。此外这里还建有启新窑业、东兴色染纺织厂、奉海铁路机械厂、东北化学皮革厂、大亨铁工厂(今矿山机械厂)(图9)……

b.西北工业区(皇姑工业区及惠工工业区)的形成

20世纪20年代建成的京奉铁路工厂(今机车车辆厂)(图10)带动了后来皇姑工业区的形成。1926年，东北大学在北陵附近建成新校区，东北大学的附属工厂建成(图11)，主要从事铁路机车及车辆的制造和修理。在东北大学北面建成北陵机场和飞机修理厂(今沈飞公司)，以及东北航空公司(今新光机械厂)。

1923年，张作霖以省公署名义决定在西北工业区内建惠工工业区，著名的迫击炮厂(今五三工厂)(图12)、肇新窑业办公楼(图13)等重要工业企业都出现在这个区域中。

c.商埠地的工业

沈阳开放商埠地后，在外资涌入的同时，民族资本也有所发展——如张作霖开办的三畬公司便是商埠地中规模最大的民族工业。1922年1月，张惠临在皇寺后面创建惠临火柴公司。1922年7月，官府与商会合办的奉天纺纱厂(图14)在北市场开工。

(4)沈阳的民族工业经历了两个发展阶段

1911年辛亥革命～1923年沈阳建市(设奉天市政公所)：沈阳近代工业初创后的快速发展时期，形成了大东工业区(图15)。

1923年～1931年沈阳沦陷：形成了以机械和军事工业为主体的近代工业体系，新开辟了西北工业区。

(5)沈阳近代铁路的发展情况

沈阳城自古以来得以发展的一个重要动因在于它的位置和交通。到了近代，交通的发展对其依然起着至关重要的作用。沈阳近代史上两大强势的竞争与发展，在某种程度上是围绕着铁路交通的建设与经营权而展开的。至1930年，沈阳的铁路枢纽已形成，它主要包括："两个系统－4条线－4个站"

中国系统——两条线：京奉铁路(北京—奉天)、奉海铁路(奉天—海龙)；3个站：皇姑屯站(图16)、辽宁总站(老北站)(图17)、东站(图18)。

日本系统——两条线："南满铁路"(长春—旅顺)、安奉铁路(安东—奉天)；1个站：奉天驿(沈阳站)(图19)。

2.外来资本工业体系的发展

外来资本强入沈阳是从"铁路附属地"开始的，围绕着对"铁路附属地"的争夺和经营，写成了沈阳近代的血腥历史。

(1)在近代，俄国和日本对东北领土垂涎三尺

最先是俄国借鸦片战争之机，单独对东北采取行动。1896年，在俄国的威逼和诱骗下，中俄签订了《中俄密约》，允许沙俄将西伯利亚铁路延伸到中国东北，在中国段为"满洲里—绥芬河"，称为"中东铁路"。此后，又进一步签订了《中俄密约补充条款》，将中东铁路向南扩展为"哈尔滨－奉天－旅顺"，称为"中东铁路南满洲支路"。至此，中东铁路覆盖了东北，令沙俄在此形成了"独占行动范围"。此外，沙俄还在铁路两侧及沈阳的"谋克敦"(盛京站)以北地段自行圈划出"铁路用地"。

所谓"铁路用地"，原本为修建铁路时所用的堆料场。铁路修成以后，其被非法占用并继续扩大。沙俄不付租金，却拥有行政、司法、警察、驻军等特权，俨然将这里变成其在华的国中之国。正是这些铁路用地，演变成后来的"铁路附属地"。

(2)日本对沙俄在东北的特权既羡慕又嫉妒，于是在1905年引发了日俄战争，其目的直指在华利益。战争以日本获胜而告终，其"理所当然"地取得了沙俄在东北的利益。同时，日本于1905年3月10日以胜利者的身份占据了沈阳，他们置清政府的盛京将军等地方政权于不顾，成立了"奉天军政署"，代行军政职权。

1906年8月11日，日军接管了沙俄控制的原中东铁路"南满洲支线"的大部分(长春—旅顺及其附线)。此后，又将原沈阳的铁路附属地迅速扩大，主要向南、东扩展。其北面和西面原以铁道线作为疆界，但日方不再拘于惯例，渗透到铁路的另一侧，并确定将铁路以东作为城市街区，以西作为工业地带。此后，这种扩展不断地延伸，以致这片所谓的"南满铁道附属地"达到了等同于当时沈阳城区的规模(图20)。直到10年后张作霖主政，日本这种肆无忌惮的扩张才受到一定程度的制约。

(3)外资近代工业在沈阳的发展概况

外资工业始于日俄战争之后。从日本投资建厂开始，较大的工业企业建设要比沈阳本土的民族工业晚10年左右。直到1931年以前，外资企业的规模和水平都不及沈阳的民族工业。其主要分布在商埠地、满铁附属地以及后期建成的铁西工业区之中。

1907年，在外国列强的压力下，沈阳"自行"开埠，建成商埠地(分为正界、北正界、副界和预备界四部分)(图21)。外资首先在北正界建起了丝织厂、英美联合烟草公司等。此后在正界建成东亚烟草、大安烟草等。

日商更集中于"满铁附属地"投资沈阳工业，掠夺工业原料、人力资源和工业产品。1906年，"奉天满洲制粉会社"成立。1907年，建立了"奉天铁道工厂"、"苏家屯铁道工厂"。

日方也开始在"满铁附属地"的铁路西侧地带开发建厂，这成为日后日本人在沈阳开发铁西工业区的前期因素。1916年，建成"南满制糖株式会社"("满糖")(现化工研究院处)；1919年，建成"满蒙毛织株式会社"("满毛")(今沈阳第一毛纺织厂)(图22)和"满蒙纤维株式会社"(今沈阳第二纺织机械厂)(图23)等。

(4)1931年，东北沦陷。在此后伪满统治的14年中，沈阳工业完全变成"殖民工业"。大体可以分为两个阶段：

1931年～1937年(七七事变)：日本全面垄断了沈阳经济命脉，推行"经济统制"政策，建立起殖民工业体系；

1937年～1945年(光复)：进入所谓"战时经济时期"，日本对沈阳进行全面掠夺，经济畸形发展，产业结构严重失调，致使经济濒于崩溃。

(5)沈阳铁西工业区的形成与拓展

1932年，日本人完成了"大奉天都邑计划"(图24)，这是立足于伪

满洲国整体利益而对沈阳城市进行的全面规划。伪满洲国把长春定位为政治、行政和居住中心，而将沈阳定位为工业中心。为弥补自身的国力不足，日本在强占沈阳民族工业的基础上，觅求拓展新的工业基地。它以现代主义的规划特征，将沈阳铁路以西的部分集中计划用作工业发展新区（图25）。这种在当时具有前卫性的现代主义规划设计与开发模式，为日本的战时经济带来了巨大的掠夺性效益，也为此地日后的经济发展和城市建设埋下了诸多的弊病和隐患。

选定铁西作为新工业区的原因如下：

a.铁西紧邻“满铁附属地”，便于拓展与开发；

b.紧邻“满铁火车线”，便于运输；

c.地势平坦，地下水资源丰富，是发展工业的理想用地；

d.此前在这个区域内日资已有先期的投入，建有满糖、满毛、满麻、满洲窑业、共益炼瓦组合等28家日资企业。

日本将开发铁西作为“满业”落实“满洲开发五年计划”的具体条件。从1932年开始，其采取了两期开发的步骤，在铁西工业区规划设计中形成了以功能分区为原则，以建设大路为中界的“南宅北厂”的格局(图26)。

在铁西工业区，1936年日资投入4.5亿元,1941年增加到6亿元。截止到1939年，铁西已建有日资企业189家，1940年达233家，1941年达423家。包括金属工业、机械工具工业、化学工业、纺织业、食品工业、电器工业、酿造业、玻璃工业……其中机械、金属、化工类工业发展较晚，但成为后期的支柱产业。“满洲矿业开发奉天制炼所”(冶炼厂)(图27)、“满洲电线”(电缆厂)(图28)、“满洲住友金属工业”(重型机器厂)、“满洲机器”(机床一厂)(图29)、“协和工业”(机床三厂)、“东洋轮胎”(橡胶四厂)(图30)等企业均达到当时全国的一流水平。

原分布在大东、西北工业区的民族工业企业，在日本占领时期皆被其强行占据(图31)，直接为日军生产军火，并分别被改为“奉天造兵厂”、“南满洲造兵厂”、“满洲航空株式会社”等。

(6)日军于1937年7月7日发动了全面侵华战争，原幻想以“速战速决”的方针取得“闪电式的胜利”，“三个月内灭亡中国”。但中国军民的顽强抵抗，使日军的“闪电战”化为梦想而陷入“持久战”的泥潭。日本的国力、财力都难以维持这场战争的耗费，不得不采取了“战时经济体制”。

1936年和1941年由日本军部和关东军分两次推出“满洲开发5年计划”，使沈阳经济被全面纳入支撑战争需要的体系。为加速掠夺战争资源，沈阳的工矿业虽发展速度惊人，却呈现出严重的畸形经济状态，产业结构比例严重失调，经济结构脆弱。

1937年为迎合战争需要，日本在沈阳又成立了“满洲重工业开发株式会社”（“满业”），重点发展供战争需要的采掘业、钢铁业和汽车、飞机制造业。其改变了此前全面依靠“满铁”一家以国家资本作为投资主体的“一业一公司制”，转而形成了由“满铁”和“满业”分工合作的“一业一公司与一业多公司并存”的体制，对沈阳展开了更为疯狂的掠夺。

三、光复后的沈阳工业

1945年东北光复，遭日本疯狂掠夺之后的沈阳工业已濒临崩溃和全面瘫痪，而且又一再经历了致命的劫难：

1.日本投降前夕，有计划地破坏了全市1800余家工厂中40%的工厂。

2.苏军占领期间，又将大型工厂中的机器设备以及其他物资，连同原材料、工业产品等作为战利品一起运走。

3.贫困无助的城市贫民被饥饿、失业、贫穷所迫，在乱世之中到工厂“抢洋捞”，使工厂又遭洗劫。

4.国民党大员则以接收为名，行瓜分、贪污之实，将设备、器材变卖，将动产、不动产掠夺一空。一些工厂还被国民党占作兵营。

四、解放以后，沈阳工业被注入了腾飞的活力，飞速复兴、发展、壮大，并大展雄风，成为共和国的重要工业基地

仅以铁西为例：

1.1948年11月2日沈阳解放，435家工厂被接管。

2.三年恢复时期，沈阳的经济形态发生了根本性的变化，国营工业比例大幅提高。

3.“一五”期间，沈阳成为国家建设的重点地区，大量资金被投

24.奉天都邑计划
25.铁西工业区景象
26.“南宅北厂”的铁西平面布局
27.“满洲”矿业开发奉天炼制所
28.“满洲”电线
29.“满洲”机器
30.东洋轮胎
31.被日军侵占的民族工业企业
32.解放后的沈阳铁西工业区景观

33.铁西的工业建筑与工业景观

34.令人震撼的工业景观

35.给人以"机器美感"的工业建筑

36.另类美学带给人以冲击

向沈阳的工业建设，其中的76.8%用于发展机械工业。在前苏联援建的156项重点项目中，沈阳获得多项。铁西成为沈阳的工业中心。

同时，以军工和飞机制造业为主的大东、皇姑（西北）等工业区同样取得了巨大的发展。

"一五"建设确立了沈阳作为工业城市的基本构架及其地位。沈阳工业随后的发展，使它成为中外瞩目的工业之都(图32)。

4.沈阳的铁西工业区在解放后的50多年，经历了飞速的发展历程，成为国家重要的工业基地。它是以国有大中型企业为骨干、以机电工业为主体、资金与技术呈密集型布局的综合性重工业生产区。区内现有的工业企业年总产值、工业增加值、利税、出口供货值等主要经济指标均占全市的30%左右。其主要产品与技术代表着国内外的先进水平，主要支柱企业在全国占有优势地位。一批重要的工厂企业被确定为国家级重大技术装备国产化基地和技术开发研究中心。

相互毗邻又密集分布的巨型厂房、鳞次栉比的吊车与管架、撼人心灵的工业景观，成为这个地区的突出特点。它们以充满阳刚之气的形象向人们展示着工业之美，也向人们诉说着这座城市及其主人的历史与故事(图33～36)。这里构成了一处在形象、规模、气势、氛围上都难以重现的恢宏景观。

五、沈阳工业建筑技术的不断进步体现着历史的发展过程

沈阳工业建筑从最早的砖木结构开始，逐步引进了钢筋混凝土结构、钢结构……特别是在解放以后，前苏联工业生产技术、工艺流程以及建筑技术的输入，使沈阳近代的工业建筑走向进步、完善与成熟。

20世纪60年代沈阳建筑中的新结构、新技术出现了一个快速发展的时期，其建筑工业化体系的发展在全国居于前列，并被首先应用到工业建筑中。大跨度厂房、无梁楼盖结构、动荷载的承受体系、对复杂工艺的适应、对特殊空间要求的满足……它们使沈阳的工业建筑技术达到了一个新的高度。

沈阳的工业建筑遗存不仅汇聚了具有高度文化价值的工业遗产，也记载着社会的历史和沈阳工业与建筑技术的发展，并充分体现着具有丰富特色的沈阳工业文明。

今天，我们在开发建设中不能忘记对工业文化遗产的保护和对工业文化的传承，这既是责任也是机会。设计师在精心提交体现着双重价值作品的同时，也要为使那些蕴含着工业遗产潜质的建筑取得生存资格而奔走呐喊！

参考文献

[1]石其金，药树华，马连秋，宋惠林．沈阳市建筑业志．北京：中国建筑工业出版社，1992

[2]王承礼．东北沦陷十四年史研究．长春：吉林人民出版社，1988

[3]张志强．沈阳城市史．大连：东北财经大学出版社，1993

作者单位：沈阳建筑大学建筑研究所

北京焦化厂工业遗址保护与开发利用规划设计

The Protection and Redevelopment Plan of Beijing Coking and Chemical Plant

刘伯英 李 匡 黄 靖 Liu Boying, Li Kuang and Huang Jing

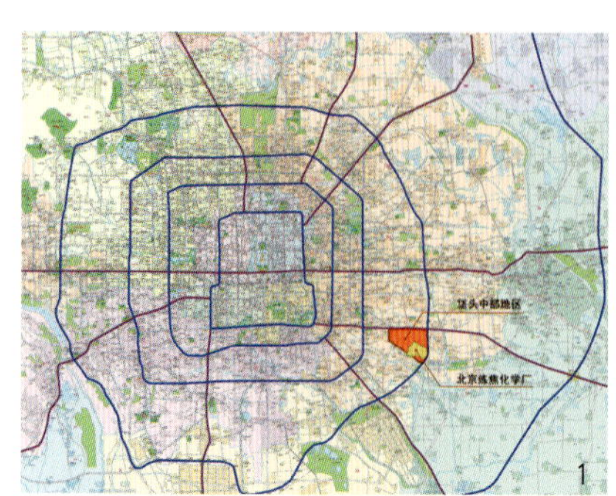

1.区位示意图
2.区位关系图

北京焦化厂建于1959年，曾为北京现代化建设做出过巨大贡献。但为了首都环境治理的需要，其于2006年7月15日全面停产，搬迁至河北唐山。如何规划建设好这一区域对北京市今后的发展将产生重大影响。原计划在2007年初将其完全拆平，进行一级开发，但北京市规划委员会及时注意到了工业遗产保护的问题，认为在开发建设的同时也应重视遗产保护，在厂区更新中如能保留一些工业遗迹，在“城市空间拓展”中片断性地实现“城市记忆保留”，有助于城市自身文化的延续，也能够丰富北京城市文化内涵，提升城市文化品质。因此，受北京市规划委员会的委托，清华大学建筑学院于2006年底对北京焦化厂工业遗产资源进行了详细调查，从建筑历史、建筑艺术、建筑再利用等方面研究厂区内的工业建、构筑物，设施设备，基础设施通廊等的各项价值，并进行评估，提出了具体的保护范围及保护与再利用名录，最终提出了建设工业遗址公园的建议。在2007年1月的北京市两会期间，该提议得到了众多人大代表和政协委员的肯定，社会各界及新闻媒体也非常关注。在大家的共同努力下，北京市政府做出了暂缓拆除的决定。此后的一年时间里，经过政府各相关部门的协商及社会各界的推动，逐步形成了统一的认识，明确了遗址保护与开发利用相结合的总体思路，决定对厂区内重要区域及单体进行保护，作为工业遗址公园；另外结合地铁7号线，建设一个地铁车辆段；其余约三分之一的用地进行开发利用，作为城市综合功能区。2008年北京市规划委员会和北京市国土资源局面向全球征集“北京焦化厂工业遗址保护与开发利用规划方案”，共有50个国内外联合体应征，6家入围，最终由清华城市规划设计研究院、北京清华安地建筑设计顾问有限责任公司和北京城建设计研究总院有限责任公司组成的联合体获得第一名。本文介绍的就是这一获奖方案。

[摘要]论文结合北京焦化厂工业遗址保护与开发利用规划设计案例，探讨了北京老工业区的保护、利用与复兴的研究步骤和框架，提出了“历史研究→详细调查→准确评价→科学规划→合理设计→全面复兴”的模式与方法。

[关键词]工业遗址、保护、利用

Abstract: *With the protection and redevelopment plan of Beijing Coking and Chemical Plant industrial heritage, the article investigated the research methods and framework for the protection, utilization and revitalization of old industrial districts of Beijing, and put forward a working model of “historical study - detailed fieldwork - accurate evaluation - scientific planning - rational design - total revitalization”.*

Keywords: *industrial heritage, protection, utilization*

北京焦化厂地处北京连接天津的东南大门，战略地位突出。由于北京奥运会环境改善的需要，其于2006年7月停产，搬迁至河北唐山，遗留的约145hm^{2}的土地将用于城市开发建设(图1～2)。

厂区现状还保留着大量建、构筑物及设施设备，总面积约为29万m^2，以错落的厂房、高耸的烟筒、林立的水塔、通火明亮的炼焦炉等为主要特征，煤化工工业特色显著(图3)。因此，无论从历史文化、经济价值、还是资源再利用等角度看，北京焦化厂对于北京来说都有比较特殊的意义，该区域也不能进行简单的夷平重建。在更新改造过程中如何做到既能有效地保护工业遗产，又能实现地

3.焦炉

区经济、社会、文化与环境的协调发展，是一个难题。针对北京城市发展的现实需求和厂区的现状特征，我们提出了遗址保护与开发利用相结合的思路，采取了"历史研究→详细调查→准确评价→科学规划→合理设计→全面复兴"的研究步骤与方法，为北京老工业区的保护、利用与复兴摸索出一套切实可行的研究思路与框架。

一、历史研究：总体价值定位

"工业考古"式的调查是对工业遗产开展认定、记录和研究工作的基础，其重要意义已经得到普遍承认。分析北京焦化厂的发展历程，有利于工业遗产的科学认定和不同阶段遗存和信息的保护，同时有助于其总体价值的定位。

北京焦化厂建于1959年，是建国初期自行设计和建造的大型现代化城市基础设施，对城市的发展意义重大。作为国庆十大建筑的配套工程，其仅8个月即建成投产，创造了国内外罕见的高速度，随后逐步发展成为我国规模最大的煤化工专营企业之一。

北京焦化厂的发展与新中国煤化工工业文明有着紧密的关系，历史上创造了商品焦产量第一、自建我国第一座6m大容积焦炉、拥有当时国内最大的1万m^3天然气贮气罐等多个中国"第一"，在技术上具有一定的先进性(图4~7)。

因此，不论从城市建设、行业发展还是技术研发等方面看，北京焦化厂都具有较高的工业遗产价值。若对其进行适当保护，将有助于保留北京昔日工业的辉煌历史和城市建设的伟大成就。

4.1959年3月18日一号焦炉施工现场
5.1959年6月北焦的第一台蒸汽机车

6.1960年11月朱德委员长视察北焦
7.1960年12月邓小平总书记来厂视察

二、详细调查：摸清家底和现状

工业遗产作为一种特殊的文化资源，其价值认定、记录和研究首先在于发现，而详细普查则是发现的基础和保证。

针对北京焦化厂现存重要的建、构筑物及设施设备，我们通过调查研究的方法，对其现状、历史、技术等各个方面逐一进行综合考察，并编制了详细的调查表。在此基础上，进行调研结果的整理和分析，并根据建筑功能、结构形式、建筑质量、建设年代、风貌特征等不同方面进行了分类整理，为进一步确定保护范围、名录、保留及再利

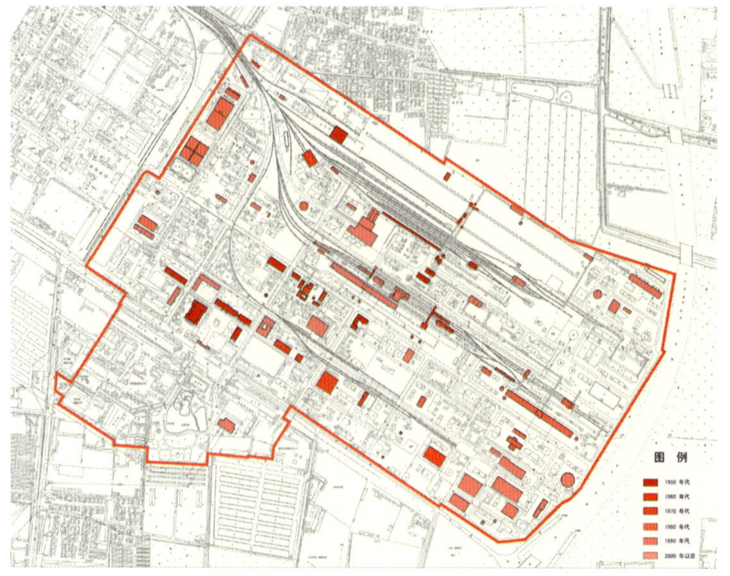

8.重要建、构筑物年代分布图

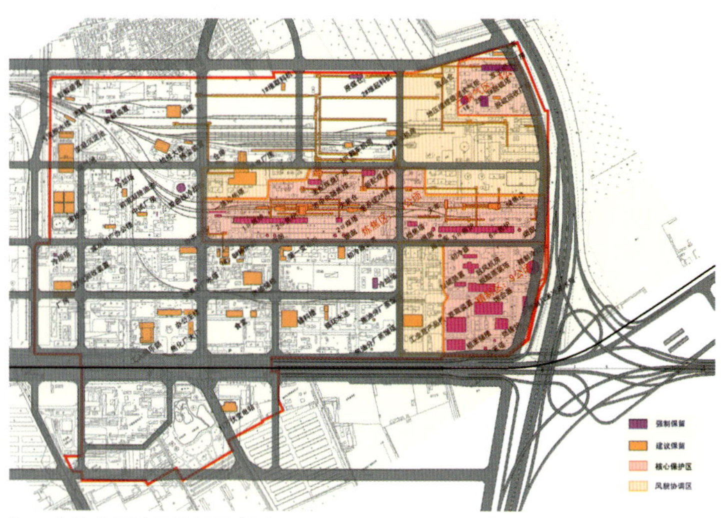

9.工业遗产保护区范围示意图

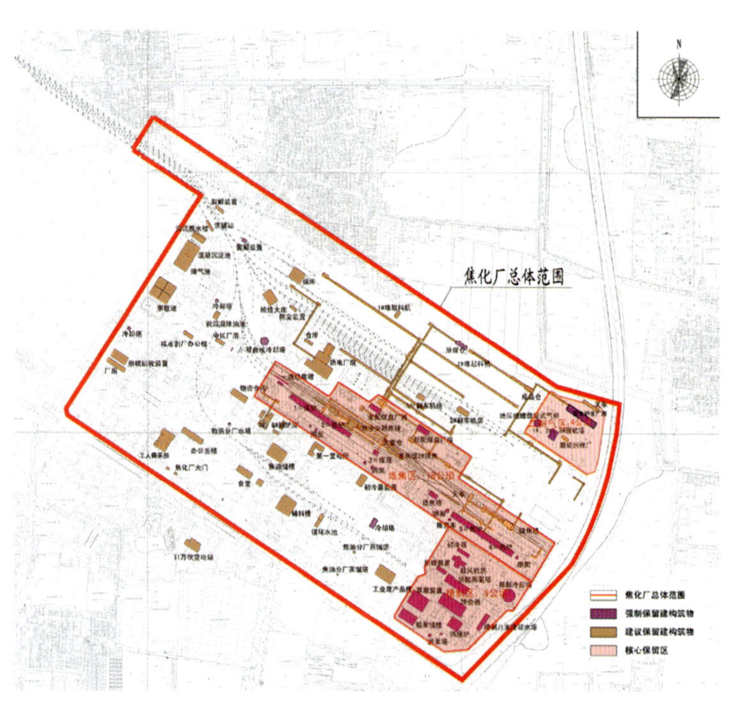

10.单体建、构筑物保护分级图

用方式打下了基础(图8)。

三、准确评价：确定保护的范围、名录与级别

在详细普查基础上的一个重要工作就是对各个工业遗存的价值进行准确评价，进而确定保护区的范围、保护与再利用的名录及保护分级要求等，有效约束和引导开发建设行为。

1.划定保护区

保护区是区域层次的保护要求。指的是要对工业遗存较为丰富，分布比较集中，并具有一定规模，或作为工业生产的核心工艺的核心区，能比较完整真实地反映出工业生产某一历史时期风貌特征的区域进行保护，价值特别突出的可以定为"工业遗产保护区"。

对于北京焦化厂来说，焦炉周边及煤气精制区域是工业遗存最为丰富的区域，又是主要生产工艺集中的区域，同时也是煤化工工业风貌特征最为鲜明的区域，是其工业遗产的精华所在。因此，我们将这一区域作为工业遗产核心保护区，保护范围约31hm^2。其内部的更新和建设应以不破坏历史格局和工业风貌特征为前提，确保重要建、构筑物及设施设备的标志性。核心保护区与周边用地之间应设风貌协调区，范围约14hm^2，确保不同区域之间的协调和衔接(图9)。

2.确定保护名录

保护名录是单体建、构筑物层面的保护要求，指的是对那些具有一定价值的建、构筑物及设施设备加以保护，其中价值比较突出的可以申报成为各级文物保护单位或近现代优秀建筑加以保护。

与一般文物建筑不同的是，工业遗存的价值是多范畴的。其除了历史、艺术价值之外，还存在着自身可改造再利用的经济价值，以及与产业发展紧密联系的文化价值和科学范畴的技术价值。因此，结合实际情况，我们将工业遗存的价值划分为历史、文化、艺术、经济、技术五项基本内容。

然而，上述五项基本内容都是无法量化的，更难于进行综合比较，因此，我们仅在同一价值体系下进行比较分析。从中得出的有价值的建、构筑物及设施设备汇总，就形成了工业遗产单体的保护名录。

3.明确保护级别

除了明确保护的范围和名录之外，还应该对保护的级别加以区别。不同的保护对象有不同的保护要求。

通过逐一分析，同时又根据价值的高低，我们对北京焦化厂内的工业遗存提出了不同的保护与再利用级别：

强制保留：主要包括历史文化价值比较突出，或是风貌上很有特色，同时对将来的建设不会造成较大影响的建、构筑物，共计32项。保护要求带有强制性，不得拆除，整体保留建筑原状，包括结构和式样，对于不可移动的建、构筑物和地点具有特殊意义的设施设备应原址保留。在合理保护的前提下可以进行修缮，也可以置换建筑功能，但新用途应尊重原有建筑结构，建议保留一个记录和解释原始功能的区域。

建议保留：具有一定价值，但可能会对将来的建设造成较大影响的建、构筑物，共计48项。不强制要求保留，主要通过建筑面积和容积率奖励等措施引导业主主动进行保护。可以对建、构筑物进行加层和立面改造，置换适当的功能，满足时代的需求。但应尽可能保留建筑结构和式样的主要特征，保留工业特色风貌并与现代生活需要密切结合(图10)。

11.整体鸟瞰图

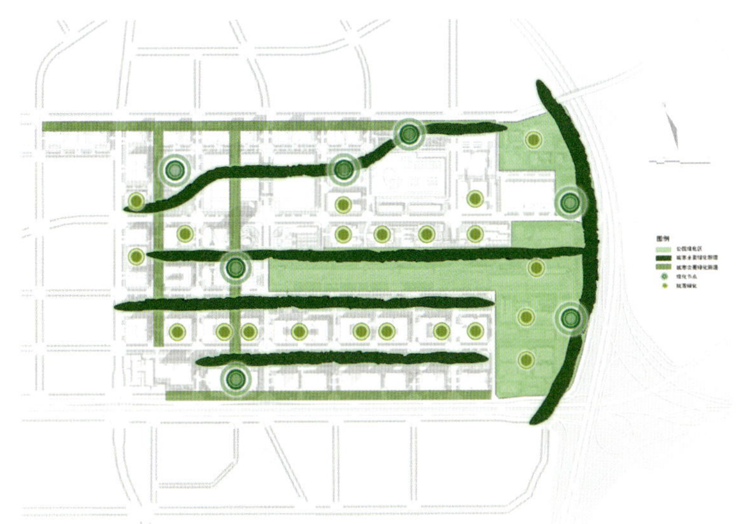
12.保护框架示意图

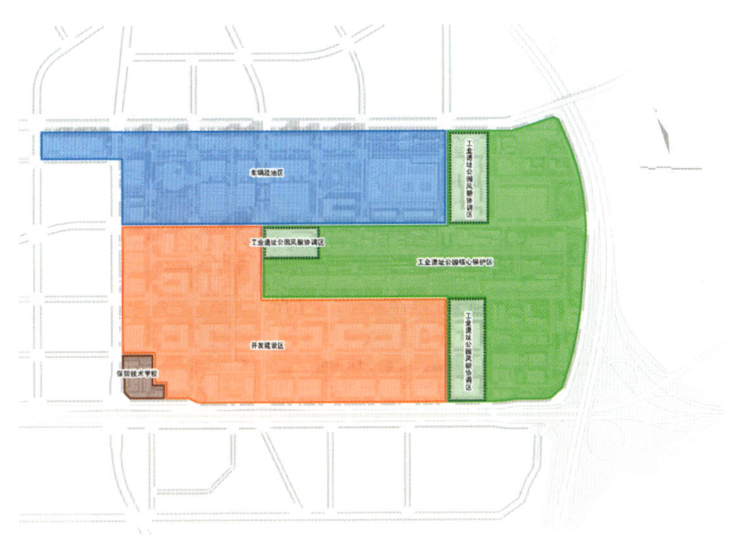
13.功能分区图

四、科学规划：遗址保护与开发利用的统筹兼顾

在前面分析的基础上，还需从整个地区的高度进行统一的规划，将周边城市建设统一纳入思考的体系，形成科学合理的规划方案，确保工业遗址保护与城市建设紧密衔接，协调一致(图11)。

1.保护框架

北京焦化厂工业遗产的保护与再利用不可能原封不动地完全保留，也不能仅仅孤立地保留一些片断和元素，因此我们提出了整体性保护与结构性保护相结合的框架策略，统筹兼顾工业遗产保护的两个层次。

(1)整体性保护

对焦炉及其周边区域（即核心保护区）进行整体性保护，保留原有的基本格局和工业风貌特征，作为工业遗址公园。该区域内的更新和建设应以不破坏其历史格局和工业风貌特征为前提，确保重要建、构筑物及设施设备的标志性。

(2)结构性保护

对外围区域，主要是生产辅助功能，缺乏成规模的生产建筑及设施设备，进行结构性的保护。以保留一些重要个体为主，但也强调保留的系统性，要突出保留物的相互联系，通过主要的生产工艺流程将这些建、构筑物串接起来，成为一个整体，同时形成煤之路、焦之路、气之路、化工之路等四条特色游览线路(图12)。

2.功能分区

根据保护框架的要求及保护区的范围，同时结合地段现状特征，将焦化厂用地分为三个大的功能分区(图13)：

(1)工业遗址公园：位于厂区中部及东南部的“T”字型区域，包括焦化厂工业遗迹的核心保护区和风貌协调区，面积约50hm^2，是以工业文明为主题的城市公园，以工业遗址保护和再利用为主，包含大量城市公共休憩开敞空间和市民休闲活动的公共服务设施。

(2)地铁车辆段：位于厂区西北部的原铁路运输分厂区域，总面积约30hm²，结合原有铁路进行再利用，作为地铁7号线终点站及车辆段。根据该地区的总体功能定位，体现土地利用与轨道交通站点相结合的特点，兼顾交通功能与城市综合开发，充分发挥车辆段及周边土地的整体效益。

(3)开发建设区：位于厂区西南部，包括原厂区除遗址公园和地铁

3.总体布局

焦化厂内的保留建筑及设施有其内在的空间分布规律，煤之路、焦之路、气之路、化工之路等四条生产流线串联起大量保留设施，以此为基础形成四条横向的景观绿轴，渗透至全区，富有浓郁的工业特色。由于地铁终点站偏处场地北侧，为了更好地辐射全区，规划方案依托站点设置一条纵向的空中步廊，以带动核心地段的开发建设。结合周边规划及区内现状道路格局，形成了规划方案的密格网道路系统。三横一纵的开放空间骨架，形成了疏密有致、主次有序、张驰有度的空间格局(图14)。

在开发建设区和地铁车辆段地区，采用较高强度的开发模式，借助密格网道路系统，形成灵活的小型开发单元。临近公园的建筑高度基本在45m以上，临近外围道路的高层点式办公建筑为80～120m，在地铁和交通枢纽的南侧设置两处地标建筑，高度分别为150m和180m。核心保护区的完整性得到了充分的尊重，结合规划方案，其空间边界还得以进一步扩充，过渡地段几乎贯穿全区。城市天际线总体呈现西高东低、外高内低的格局。沿街建筑轮廓起伏有致，富有节奏。

遗址公园内保留的铁轨、焦炉呈东西横向展开，结合富有节奏感的四组烟囱，形成了一条强烈的横向视觉轴线。规划方案以此为契机，结合交通核心设置了"第五组烟囱"——一对超高层建筑，形成这条视觉轴线的高潮和终点。

4.道路系统及绿地景观系统规划——尊重原有肌理的密格网

交通系统规划以建设便捷、高效、实用、人性化的交通体系为目标，坚持"以人为本"，生态优先，改善市民的出行条件。

规划区内的道路系统充分考虑原有的道路结构和肌理，与工业遗址的保护相协调。积极利用、拓宽原有道路，并尽量保留原有道路景观带。

依次走过煤之路、焦之路、气之路、化工之路等四条生产流线，可以使人重温焦化厂工业生产的最重要流程，增加了空间景观游览的目的性与趣味性。

在此基础上形成的4条景观轴线的设计充分尊重了原有城市肌理，体现了规划区的工业风貌特征，使休闲游览能与历史文化的保护与弘扬相结合。

五、合理设计：高效贴切地利用工业遗产

1.保护区的再利用设计

北京焦化厂工业遗址保护区可以作为以工业文明为主题的城市公园，力求在完整保留原有工业风貌的前提下转化功能，成为为公众服务的城市休憩开敞公园。同时通过对公园内的特色鲜明的工业建构筑物进行改造和再利用，植入新的功能和产业，使其成为都市文化创意生活的载体。另外，遗址公园还应体现绿色环保理念，展示生态修复技术，突出能源发展主题，成为北京绿色生态技术展示的基地。

遗址公园的设计强调保护优先，对于特色最鲜明的炼焦区、煤气精制区及二制气进行完整保护。保持原有建筑架空的形态，地面层向公众免费开放。突出工业风貌特征，同时充分挖掘工业建筑的价值，进行合理高效的再利用。根据各个建筑的特点植入新功能，如博览展示、文化艺术、创意空间等，形成公园的主体。

对公园范围内的铁路、皮带运输通廊和架空管线进行保留，改造成一个完整的步行系统，将公园的各个部分连接起来，形成整体。

结合主要生产工艺流程，形成煤之路、焦之路、气之路和化工之路等四条特色游览线路，将公园内的各种建筑和游乐设施连接起来，并向城市建设区延伸，使公园融入城市(图15)。

2.单体建、构筑物及设施设备的改造设计

单体建构筑物改造的原则及改造设计案例

- 具有较高历史价值的建筑，外观保持原状，内部适当改造，置换适合的功能；
- 工业风貌特征非常鲜明的建筑，应保持其外观的整体氛围，但可适当增加一些新的元素，形成新的亮点，内部可进行较大的改造；

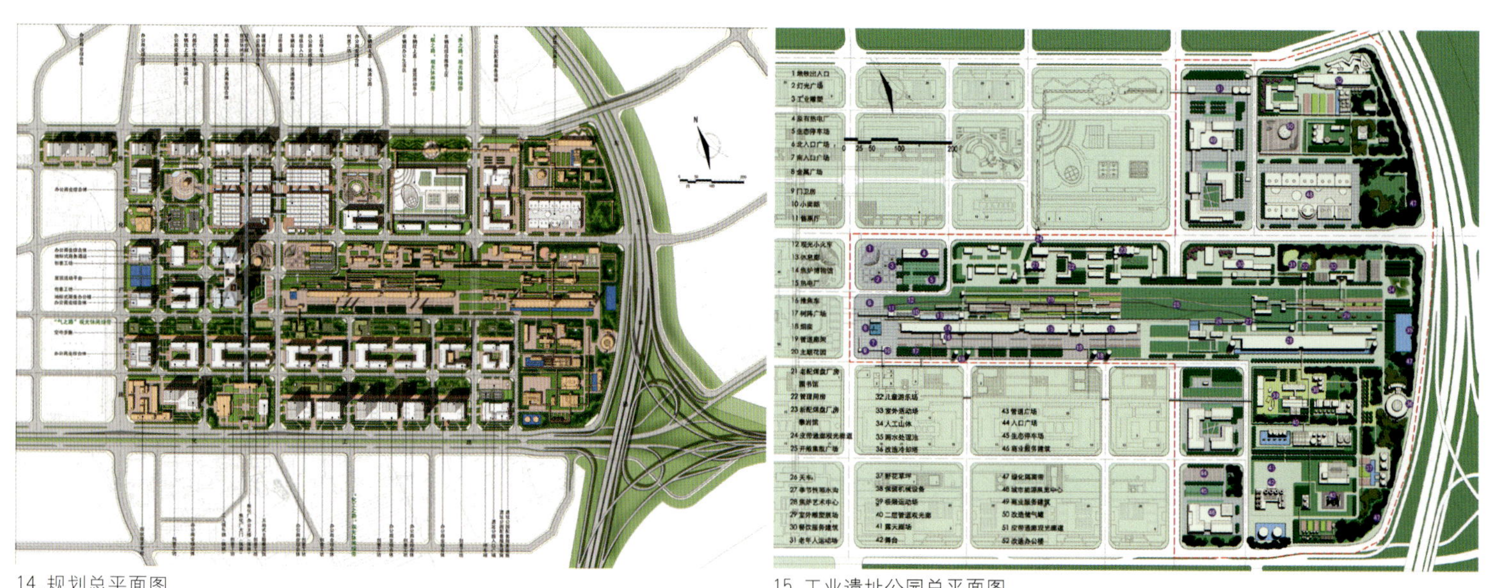

14.规划总平面图

15.工业遗址公园总平面图

16.发生炉主厂房外观
17.1、2号焦炉炉顶
18.5、6号焦炉外观
19.冷却塔改造外观

• 只是经济价值突出的建筑，应强调其内部空间的改造与再利用，外观可进行较大调整；

• 处于城市主要界面及视廊上的建筑，应突出其标志性，形成独特的城市景观。

• 各类机械设备、生产设施、交通设施等工业构筑物可以采取与工业建筑类似的手段进行改造，也可以作为以展示作用为主，体现工业文明成果和工业生产风貌的陈列品。

在以上改造原则下，我们对北京焦化厂的建构筑物进行了具体改造策划：

(1)作为北京市优秀近现代建筑的1号及2号焦炉，将改造成炼焦博物馆(图17)。

(2)5、6号焦炉与煤塔共同组成炼焦系统，是一个紧密联系的整体，因此作为一组完整的群体进行设计。外部形象基本不变，内部进行适当改造，作为艺术画廊(图18)。

(3)发生炉主厂房建筑平面规整，内部空间高大，主体结构完好，易于在改造后继续使用。由于主厂房采用框架结构，空间完整高大，可改造为办公研究性质的能源研究中心，建筑底层设能源技术展厅，建筑上部为办公研究用房(图16)。

(4)精制冷却塔紧临五环，是重要的城市节点标志，造型独特，空间高大，结构完好，具有较高的景观和空间再利用价值。改造的主要目的有两个方面，即塑造标志性建筑和创造独特的空间体验。但其自身的高度不够高，人无法攀登，因而在改造中，设计加建一个玻璃的环状建筑。通过新与旧、玻璃与混凝土、建筑完形与异形的强烈对比达到标志性的要求，同时人也能登高并远眺五环路(图19)。

六、全面复兴：经济、社会、文化与环境的协调发展

工业历史地段的保护与更新是非常复杂的过程，影响因素也很多。需要从城市乃至区域整体发展的角度出发，以地区经济、社会、文化、环境等多方面的全面协调发展为目标，才能最终使北京焦化厂真正成为新旧交融、和谐共生的城市新区，实现真正的全方位复兴。

作者单位：北京清华安地建筑设计顾问有限责任公司

水泥厂档案：解读珠江三角洲工业建筑发展状况

An Archive on Cement Plants: the Development of Industrial Buildings in Zhujiang Delta Region

李　鞠 陈华伟 饶小军 *Li Ju, Chen Huawei and Rao Xiaojun*

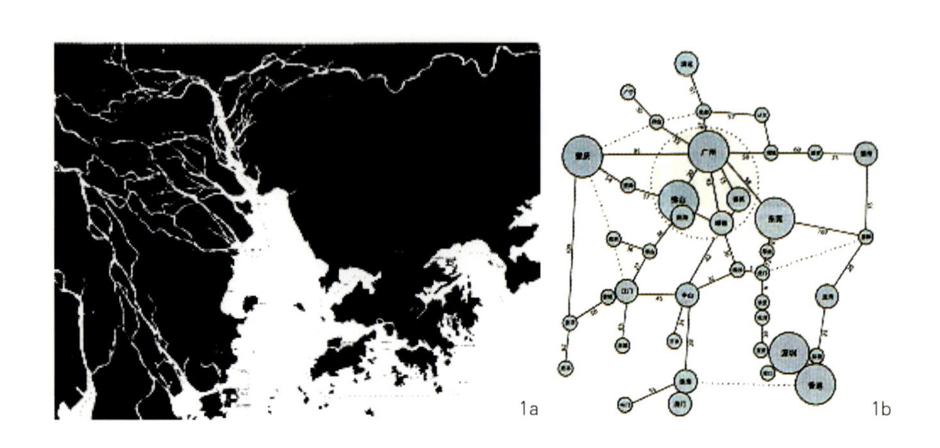

1a　1b

[摘要]本文基于实地踏勘和考察珠江三角洲地区的一些水泥厂建筑，从一个片断和侧面的角度解读和认识中国近现代工业建筑发展源流和过程。通过对珠江三角洲水泥工业建筑的分析，认识工业建筑的技术、形态和建构意义，提出中国工业建筑是中国现代建筑的重要组成部分，呼吁重新认识工业建筑的历史价值和美学价值，为保护工业建筑遗产提供基础性的研究。

[关键词]现代建筑、工业建筑、珠江三角洲、水泥工业、工业遗产

Abstract: *Based on fieldtrips to some cement plants in the Zhujiang Delta Region, the article gave a sectional study on the origins and development of modern Chinese industrial architecture. With analyses on the cement plant buildings in the region and recognition of the technologies, forms and architectural meanings of industrial buildings, the article advocated reevaluation of the historical and aesthetical values of industrial architecture, and provided basis for the future protection studies on industrial heritage.*

Keywords: *modern architecture, industrial architecture, Zhujiang Delta Region, cement industry, industrial heritage*

一、工业发展对现代建筑的影响

西方工业革命导致了西方现代建筑运动的产生，促进了建筑领域的变革。其对现代建筑的影响主要体现在：1.使资产阶级积累了大量的财富，日益成为社会的主要领导阶级，他们对于建筑有了新的要求，希望通过新的建筑形式来表达和体现自己的地位，成为新兴建筑的支持力量；2.技术发展和生产手段的进步，从根本上促进了现代建筑思想的产生；3.工业的进步为现代建筑提供了必要的技术手段和新的建筑材料，如混凝土、钢铁构件和玻璃等。现代建筑以表现新时代的工业为主要特征，其早期发展也以工业建筑为典范。大量工业建筑的产生直接影响到城市与建筑的设计，使建筑的形式风格发生了巨大的变化，其建构方式和形式语言成为现代建筑的主要形式来源。

中国现代建筑走过了一段曲折的道路。建国初期，国内外政治军事形势严峻，政府主要以恢复国民经济为国策，优先选择发展工业，先后建立起多个工业基地。第一个五年计划，政府将建筑力量主要转向工业建设，各部委、地区成立了工业建筑设计院，大体搬用苏联现成的体制。随着“一五”计划取得巨大成功，中央加倍重视重工业的发展，号召全国进一步投入到重工业生产中来。围绕工业发展形成了很多新兴的工业城市，并建设了大量新的“工人新村”。这一时期的民用建筑还包括教育、商业、办公等类型，设计满足基本功能，标准不高，形成了简单廉价的本土现代建筑。

1958年的“大跃进”运动中，在“全苏建筑工作者大会”的影响下，中国建工部举行了全国地方建筑设计会议，明确提出了“适应地方工业的大发展，地方建筑设计部门必须积极转向工业建筑设计”的方针。在总路线、大跃进、超英赶美、破除迷信、解放思想的政治目标影响和号召下，工业建筑的设计和建设积极贯彻了“快速设计、快速施工”、“技术革新、技术革命”的精神。各设计院大搞技术革新、快速设计、现场设计，并在各种困难条件

下坚持在设计中采用新材料、新结构、新技术，出现了许多中国特有的工业建筑类型。

文化大革命导致了国民经济发展长期处于停滞状态。1978年后，中共中央召开十一届三中全会，把全党工作的重点转移到社会主义现代化建设上来，中国进入了改革开放的时代。改革开放使中国步入了经济的飞速发展时期，尤其是南方的珠江三角洲地区，率先开启了中国从计划经济走向市场经济的发展过程。

荷兰建筑师瑞姆·库哈斯(Rem Koolhaas)曾经把珠三角地区改革开放时期的经济发展比喻为"大跃进(Great Leap Forward)"，从一个侧面反映了其经济发展状态与当年政治大跃进时期相似，都是一种全民性的大发展运动。通过对珠江三角洲地区城市群的调查研究，库哈斯在其《大跃进》一书中提出了"加剧差异的城市"的概念，认为这些城市以一种难以预料的速度高速发展着。重工业和轻工业在我国国民经济中的地位调整、外资企业的引进以及新型工厂的建设，为珠江三角洲工业建筑的发展注入了新的活力。

中国工业建筑从不同的方面和层次反映了时代的变革，在一定程度上影响了中国现代建筑的发展。通过对中国工业建筑发展的研究，我们以为，其与中国现代建筑的发展有着密切的联系，是中国现代建筑的重要组成部分，在一定意义上可以看成是中国现代建筑的先声，并且不断地促进与影响着中国现代建筑的发展。与西方早期现代主义一样，中国工业建筑体现了时代的精神。它具有和西方现代建筑一样的形式和建构语言，在历史上理应受到与西方工业建筑等同的重视。

二、珠江三角洲水泥工业建筑研究背景

20世纪50年代，我国结束了半封建半殖民地时期，进入以经济建设为中心的社会主义初级阶段。从"一五"计划恢复国民经济到改革开放形成新的经济格局期间，中国进行了"大跃进"、"文化大革命"、三线建设等一系列关于建设工业化强国的探索，这是建设有中国特色的社会主义独有的过程。在探索的道路上，围绕着工业的发展，与之相关的工业建筑发展状况研究为我们探索中国现代建筑的发

3.4.中山岐江公园改造
5.广州西村士敏土厂(20世纪30年代)
6.广州水泥厂(20世纪50年代末)
7.槎头水泥厂(20世纪60年代)
8.新广州水泥厂远景
9.10.拆除中的新青水泥厂

展提供了重要的资料和档案。

本文以珠江三角洲水泥工业建筑为研究考察对象，从一个片断和侧面的角度探寻和认识中国近现代工业建筑发展源流和过程。研究的案例跨越了从20世纪50年代到改革开放的历史时期。

珠江三角洲地区是以南海口为几何中心，以广州、深圳–香港、珠海–澳门为顶点的由城镇乡村体系构成的城市聚落群(图1)。其已成为中国人口最密集的地区之一，与中国东部的长三角、北部的京三角并列成为中国最重要的区域经济集合体。纵观珠江三角洲的近现代历史，工业的发展对其经济的影响至关重要(图2)。

随着社会经济的发展和产业结构调整，珠江三角洲地区传统的资源矿产型城市和工业设施逐渐衰竭，工业建筑、环境以及基础设施条件相对滞后与老化，出现功能性的衰退。当年曾经是国民生产支柱性产业的水泥生产工厂，如今由于污染问题被逐渐废弃，无声无息地快速消逝。近来有了一些针对工业遗产进行保护的项目，如在原著名的粤中造船厂遗址上进行景观改造的中山岐江公园(图3～4)。作为中山社会主义工业化发展的象征，粤中造船厂始建于上世纪50年代初，废弃于90年代后期。几十年间，历经了新中国工业化进程艰辛而富有意义的历史沧桑，几代人艰苦的创业历程在这里沉淀为真实而弥足珍贵的城市记忆。改造保留了那些刻写着真诚和壮美、却早已被岁月侵蚀得面目全非的旧厂房和机器设备，开启了珠江三角洲工业遗产保护和利用的先例。

通过对珠江三角洲工业建筑尤其是水泥工业建筑的发展状况的研究，可以从历史的角度梳理中国现代建筑产生的源流和发展过程，推动我们对中国现代工业建筑的探索。而通过对工业建筑遗产类型与案例的研究，则使我们重新认识了工业建筑的历史价值和美学价值，为今后保护现代工业遗产的工作奠定了坚实的研究基础。

三、珠江三角洲水泥工业建筑发展状况

近代珠江三角洲的水泥工业基本集中在广州地区，这里是最早的水泥工业建筑发源地之一，现存较早的案例有广东士敏土厂和广东西村士敏土厂。

广东士敏土厂：广州市立窑水泥的生产始于20世纪初叶。清光绪三十三年(1907年)，为解决广州续建长堤对水泥的需要，广东士敏土厂在广州河南草芳围兴建，为官办企业。这是广州市水泥制造业的第一家工厂，也是全国早期开办的第三家水泥厂，占地面积11.33万m^2。1933年7月1日，为统一管理水泥生产，广东士敏土厂被并入民国二十一年6月建成的广东西村士敏土厂，改名为广东西村士敏土厂河南分厂，主要负责磨制西村厂烧成的熟料(图5)。

中华人民共和国成立后，珠江三角洲的水泥工业发展大致经历了三个阶段。

1.第一阶段：1949年～1958年，初步发展时期。珠江三角洲掀起了“大办水泥”的热潮，各地纷纷建起了立窑水泥厂，诞生了许多重要的水泥工业厂房，老的广东西村士敏土厂也改成了广州水泥厂。

广州水泥厂：建国后，广东西村士敏土厂的生产得到迅速发展，1955年改名为广州水泥厂，其生产的五羊牌水泥也开始出口港澳、东南亚等地(图6)。

2.第二阶段：1958年～1978年，大跃进和大调整时期。跟随国家的“大跃进”浪潮，从1958年9月起，广州先后兴建的立窑水泥厂有20多家。1961年贯彻“调整、巩固、充实、提高”方针后，水泥厂、砖厂纷纷下马，大量精减职工，12家立窑水泥厂只保留3家，槎头水泥厂便是其中之一。

槎头水泥厂：地处西郊槎头，创建于1958年（当时称芳村水泥厂），初时使用小土窑和小球磨机生产水泥，年产能力不到1万吨。1961年从芳村迁往槎头，是保留的3家立窑水泥厂之一，后易名为羊城水泥厂，属广州市公安局管理(图7)。

3.第三阶段：1979年至今，改革开放后珠江三角洲地区的水泥工

11～13. 花都水泥厂

业走向新的发展。

一方面，水泥工业进入了新的大发展阶段，行业标准的不断提高促进了砖窑生产技术的大力发展。新广州水泥厂由广州荔湾区的原广州水泥厂搬迁过来，厂址位于花都区马溪工业园内，占地面积1,736,493m²(包括二线预留厂地)，由德国海德堡水泥集团、广州越秀集团和广州水泥股份有限公司共同投资18.7亿人民币建设而成。新水泥厂依托国际领先的专业技术，通过废物利用能够处理掉大量的工业和经分选的生活废料，实现“资源产品再生资源”的循环经济的生产和发展模式(图8)。

另一方面，建国初期兴建的部分水泥厂因生产技术落后，环境污染严重而停产。如新青水泥厂，是建成于20世纪70年代的立窑水泥厂，位于花都市新华镇，属于县办企业。后来其成为花都市整治的环境污染企业之一，于2002年正式关闭(图9～10)。

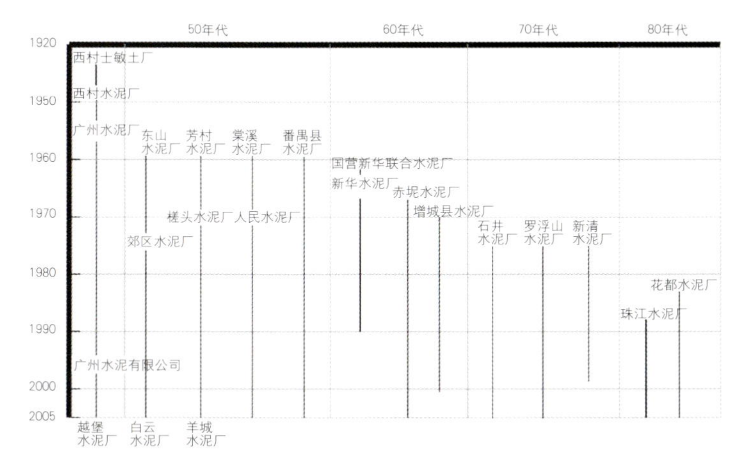

表1珠江三角洲地区水泥工业及建筑发展历史概况

综上所述，1989年至今，中国水泥工业保持着持续性高速增长，发展成较大规模的产业结构，并产生了大量水泥工业建筑(表1)。但是，随着环境污染问题日益突显，水泥工业面临着新的发展机遇和挑战，珠江三角洲的水泥企业开始进行结构调整，主要表现为限制和淘汰小企业，发展大型、新型的现代化企业。

四、珠江三角洲水泥工业建筑的基本特征

珠江三角洲的水泥工业建筑以鲜明的工业特征、简明的形体语言、低技术的真实表达、巨型的空间尺度构成了水泥厂建筑典型的“象征符号”。

总结和发掘水泥工业建筑的形式语言，透视中国现代建筑真实的语言逻辑，对于建筑师理解和体验现代建筑的本体意义，提供了一个本土化的思考源点。特别是对当代建筑设计中普遍存在的虚假和浮夸样式，无疑具有一种批判性的针砭意义。

在珠江三角洲的水泥工业建筑中，其基本体量是内部功能和空间的直接反映。这些巨型构筑物，具有大跨度、大空间、大面积和大体量，也正是由于这种超大的尺度感，给人留下了强烈的印象。水泥厂的基本建筑形态多为方形和圆形的组合，是一种明确、规整、简洁的空间形体。矩形的体积空间由于其简单经济而适合建造，在水泥乃至其他工业建筑中最为常见。圆柱形空间通常用于储存仓，给人一种强大的视觉冲击力，在水泥厂建筑群体中尤其引人注目(图11～13)。

现代建筑运动对几何形体的运用及对空间跨度和高度的探索，从技术上来源于工业建筑的发展。随着结构技术的不断进步，对大体量现代建筑的需求日益增加，正如库哈斯所说：“大型建筑仅通过巨型体量就能给人们以震撼”。工业建筑简明的形体、超然的尺度、复杂的管道所构成的粗野朴实的建筑语言始终是现代建筑运动的审美诉求之一，这就是工业巨构的魅力。

1.水泥厂的生产工艺流程和建造技术

当然，认识珠江三角洲水泥工业建筑，不能简单地从一般民用建筑的视角来看其外部特征，而应该从其技术的层面来加以解读。工业建筑与民用建筑的区别在于其内部工艺流程的特殊性，其导致的建筑

结构和形体具有明显的不同特征(图14～15)。

理解建筑的空间形态建立在对生产过程的了解之上，水泥厂的建筑形态在很大程度上受到水泥生产的工艺流程的影响。一般来说，硅酸盐水泥的生产主要分为三个阶段：生料制备、熟料煅烧与水泥粉磨。生产工艺流程根据采用的生产设备和方法来确定，一般分为回转窑工艺和机械化立窑工艺。

回转窑工艺的大中型水泥厂的布置形式过去常以联合储库为中心，将主要生产设备布置在联合储库的周围，回转窑与联合储库平行或垂直，生料磨与水泥磨在联合储库的同一侧或各一侧。

立窑水泥厂的工艺也与是否采用联合储库有密切关系。我国大多数立窑水泥厂都采用圆库来储存熟料及其他材料，车间布置成直线形，同时根据本身厂区的地形情况灵活布置。水泥厂各建筑单元之间除了存在一定的功能关系外，还存在着结构关系，其建筑群体形态可归类为复合式的布置方式。大多数工业厂房的设计一般要求标准化和模数化，但是，水泥厂厂房因为受设备布置的制约和限制，不可能做到严格符合模数标准。

从建造技术角度来看，珠江三角洲的水泥厂在工业建筑类型中具有十分鲜明的特征，充分表现了建造技术的结构与材料的运用。混凝土和钢材的使用推动了现代建筑的发展，在水泥工业建筑中这两种材料也是运用最广泛的。混凝土早于钢材在早期水泥工业建筑中大量使用，然而随着技术与工艺的发展，现代化大型水泥厂越来越多地使用钢材作为建筑的主要材料。钢筋混凝土的浇铸形式有预制和现浇两种，水泥厂工业建筑中的楼板一般采用预制的形式，现浇则主要用于车间的主体框架和大中型圆筒仓及喂料仓。结构上使用钢筋混凝土框架结构可以根据设备的使用要求灵活设计层高和层数。除此之外，水泥工艺中有的设备要求有良好的通风，设备通常可以暴露在外，因此水泥厂的厂房多采取半敞开的设计，使用框架结构可以将只有维护功能的墙体拆除从而满足以上要求。钢铁的结构形式在水泥厂中则主要表现为桁架结构、网架结构(图16～17)。

值得一提的是，建国初期，由于中国总体经济发展的水平不高，在建造技术上曾经实践过砖混结构、框架结构、标准化和工业化建造等施工手段，客观上形成了适合中国国情的生产建造技术。这些技术

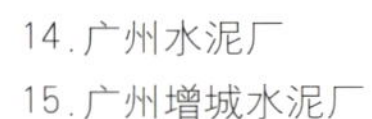
14.广州水泥厂
15.广州增城水泥厂
16.广州番禺水泥厂
17.罗浮山水泥厂

14

16

15

17

18.19.新青水泥厂

在今天看来也许已经落后并被淘汰，但在当时所形成的真实和朴实的“低技术”建造策略，具有因地制宜、就地取材、经济适用的特点，确实促进了工业建筑的发展，也对整个国民经济的发展起到重要的支撑作用。今天在新的历史时期，我们来评价和认识这些“低技术”的建造策略，对于研究中国建筑的技术发展依然具有积极的现实意义，而珠江三角洲水泥厂无疑提供了典型的工业建筑遗产的案例。

2.珠江三角洲水泥工业建筑的建构逻辑

正是由于水泥厂具有独特的工艺流程和低技术建造策略的特点，其建筑形成了独特建筑形态空间语言。

弗兰姆普敦曾宣称：“建筑的根本在于建造，在于建筑师应用材料并将之构筑成整体的建筑物的创作过程和方法，建构应对建筑的结构和构造进行表现，甚至是直接的表现，这才是符合建构文化的。”

珠江三角洲水泥厂建筑的建造语言，从某种意义上说，正是对弗兰姆普顿的建构文化的朴素表达。

水泥厂工业化建筑语言的构成逻辑，表现为形式与形式、体与体、形与形之间的建构关系；这种建构关系体现在具体的工业建筑形态特征上，表现为传输构件、支撑结构、加工单元和储藏空间等巨构体系当中，服从于工艺和结构的内在逻辑。工业化的形式逻辑与建筑的结构逻辑相适应，体现了建造过程的结构理性，通过力学传递和承重方式来表达形体间的组合逻辑。因此，工业建筑的语言是一种遵循理性的建构逻辑的表达。

水泥厂建筑中的各种材料按照建造逻辑的方式组织在一起，这种逻辑性是通过构造方式来传达的。这里的建造逻辑指从材料的特性分析中找出最适合的材料以及构造方式，如果忽视了材料的自身属性，建筑的造型就会是一种形而上或者美学的表达，建筑的形式就成为一种对外在于建筑的某种东西的表达工具，而脱离了建筑本体的内容。

水泥厂工业建筑的建构精神可以被看作是对形体、材料构造与内在工艺逻辑等相结合而呈现出的一种真实而诗意的表达，人在建造的过程中融入了自身对材料和构造的认识理解和情感投射，在完成的建造中可以反映出各种工艺的痕迹和建筑的表现魅力(图18～19)。

五、结语

通过对珠江三角洲水泥工业建筑发展的考察和研究，解读珠江三角洲水泥工业建筑的发展状况，我们总结了以下结论：

第一，中国工业建筑是中国现代建筑的重要组成部分，它与中国现代建筑产生的源流有密切的联系，在一定意义上可以看成是中国现代建筑的先声，并且不断地促进与影响着中国现代建筑的发展。

第二，与西方早期现代主义一样，中国工业建筑体现了时代的精神，它具有和西方现代建筑一样的技术美学语言，在历史上理应受到与西方工业建筑等同的重视。

第三，认识了中国工业建筑在历史上的重要的地位，实际上是为保护早期的工业遗产提供必要的研究基础资料。鸦片战争以来的中国民族工业、国外资本工业，以及新中国的社会主义工业，都在中国大地上留下了各具特色的遗产，它们构成了中国工业遗产的主体。

第四，工业建筑语言的形成，是由工艺流程、生产方式、结构技术、材料构造等的建构问题所决定的，这是工业建筑形式的本源。工业建筑所传达出来的语言特征是一种对工艺、技术、材料和构造的真实和理性的建构表达。

*本文为国家自然科学基金资助项目《南方既有建筑的绿色改造研究》(项目编号：50778112)子课题项目之一。

作者单位：李　鞠，深圳市南山区旧城改造办公室
陈华伟，深圳市南山区建筑工务局
饶小军，深圳大学建筑与城市规划学院

Loft文化与旧工业建筑的嬗变

LOFT Culture and the Transformation of Old Industrial Buildings

曹盼宫 *Cao Pangong*

[摘要]伴随着我国城市更新的进程，在可持续发展的背景下，大量作为城市空间结构重要组成的旧工业建筑遵循有机递进的连续文脉，在Loft文化的介入下转型成为文化艺术空间。旧工业建筑在Loft模式下的嬗变与转型最大限度地实现了其自身的更新再利用，为今后旧厂区和产业地段的复兴提供了很好的借鉴。

[关键词]Loft文化、旧工业建筑、嬗变、文化艺术空间

Abstract: *During the urban renewal process of China, with sustainable development as the background, considerable old industrial buildings which had been an important component of the urban spatial structure have been transformed into cultural or artistic places under the influence of the LOFT culture. The transformation fulfilled the goal of maximized renewal and re-utilization of these buildings, and provided successful examples to the revitalization of the urban brown land.*

Keywords: *LOFT culture, old industrial buildings, transformation, cultural and artistic places*

我国的城市更新进程处在一个高速发展时期，城市中的旧厂区和旧工业建筑都面临着更新趋势。在利益驱动等多种原因下，其通常采取“大破大立”的主导思想。但大拆大建在剔除城市旧日痕迹的同时，也抹去了城市固有的文脉和肌理，这种大跃进式的更新方式有悖于城市的可持续发展。英国科学家彼得·拉塞尔在其著作《觉醒的地球》中把地球比喻成一个生命有机体，同样，城市的更新和发展也要有机地递进，而不能急功近利。在以可持续发展为原则，提倡节约型社会的今天，如何推进城市有机更新，寻求渐进的改造方式，最大限度实现旧工业建筑的更新再利用及旧厂区和产业地段的复兴，是需要我们研究和讨论的。

一、Loft文化的演变

1. Loft的形成

“Loft”意为阁楼、厂房和仓库。在今天，其含义被不断地拓展和演变，已经成为建筑学上的一个专有名词和一种多样的建筑类型，通常指工业建筑通过改造进行功能转变再利用，但保留其原有开敞的建筑空间特性。Loft一词还被直接用来表示由废旧厂房改造而成的艺术家工作场所。

Loft的诞生要追溯到20世纪50年代的纽约苏荷区，一批贫穷但富有创造力的艺术家利用一些租金低廉的废旧厂房和仓库，将其改造成富有艺术气息的生活及工作空间。

“二战”后，美国经济实力快速增长，艺术新锐迅速

1．“798”文化艺术创意空间
2．“798”外环境墙壁上的“涂鸦艺术”
3.路旁随意放置的雕塑形成了“偶发艺术”

崛起，世界艺术中心也由巴黎转移到纽约。苏荷区租金低廉的旧厂房，其通畅自由的空间结构和夸张的空间尺度使艺术家着迷，吸引了大批的艺术家与敏锐的画商进驻。今天世界级的艺术大师如安迪・沃霍尔、利希滕斯坦、劳森柏格……都曾是苏荷区Loft空间的实践者。

20世纪六七十年代，随着苏荷区影响力的逐渐扩大，及区域结构的快速变化，纽约市政府决定对其进行改造。他们很有远见地制定了新的规划和法规，确定该区域的旧工业建筑不得随意拆建，而由政府统一规划，从而保留了苏荷区的旧厂房，承认了Loft空间的合法性，促进了该区的发展。大量的知名画廊、时尚消费品和著名的时装品牌都聚集到了这里，使其迅速复兴，如今已成为纽约曼哈顿的时尚聚集地。

纽约苏荷区Loft空间改造实践的成功对其他区域的旧城改造和旧厂房再利用，具有可参考借鉴的现实意义。

2.Loft文化的拓展

Loft文化，可以理解为由旧工业建筑转型成文化艺术空间的改造运动所产生的文化艺术现象，以及延伸出的观念。

纵观Loft形成和发展的进程，其出现的前提是大量工业厂房的废弃与闲置，同时将厂房由原有的工业生产功能转变成为民用建筑。厂房改造运动由最初的个人行为发展到今天的政府和开发商参与的社会性行为，其空间的类型也由最初的艺术家个人创作和居住的空间集合体演变递进成为今天包括文化艺术创意空间等多样的空间功能类型。整片区域的改造和功能置换使城市空间结构体系更加完善，延续了城市递进发展的肌理(图1)。

摄影家尔冬强曾经说过，从城市国际化的角度来看，仅有美术馆、博物馆举办展览是不够的。艺术仓库的存在，为文化活动在城市的每一个角落里发生，提供了一些普通的个性空间。

由此可见，Loft文化已由最初的个人先锋性文化发展到今天全民参与的多样的社会文化，其积极广泛的社会意义与新思维模式值得我们思考(图2～3)。

二、Loft文化与旧工业建筑的不期而遇

1.旧工业建筑的嬗变

(1)旧工业建筑转型的动因

旧工业建筑是城市有机组成的一部分，是城市发展进程中的产物。作为城市空间结构组成中的工业建筑，在产业结构的调整中失去了生产功能，面临着城市更新的进程，在是“拆”还是“留”的十字路口徘徊。翻开任何一个城市的发展史，我们发现其发展演变均是递进式的，是遵循事物的发展规律的一个嬗变的过程。失去生产功能的旧工业建筑转型成为文化艺术空间的Loft模式，在“旧文本”上注入新的内容，成为其转型的最佳途径之一。

(2)后现代语境下的技术美学复苏

自从第一次工业革命诞生以来，工业化的进程就伴随并推进着城市的发展，成为一个国家历史中不可缺少的一部分。作为工业化的产物，工业建筑同样也在现代建筑运动中扮演着重要的角色。工业化进程带来的附属品是人们对“工业美”的赞许，在工业生产的社会大背景下，机器美学得以建立和兴起，并在工业建筑上得到了更加便利和充分的表达。工业建筑就像现代建筑的试验田一般走在时代精神和美学潮流的最前端。在继承发展的基础上，工业化进程留下来的既是历史的印记，又是文明发展史的催化剂，也是文脉连续上的衔接。技术美学带来的“工业美”，在嬗变中成为对工业文明的留恋和尊重，旧工业建筑的嬗变成为这种对技术美学留恋和尊重的“符号化”体现。

2.厂房改造运动

Loft文化作为舶来品，在国外已经有了成熟的发展，以阁楼模式成功改造旧工业建筑成为了建筑发展史上的传奇。同时，也给我们在面对旧工业建筑的去留时提供了可以借鉴的意义。阁楼模式在国内虽然还处于发展初期，但是已经形成了一定的规模，例如北京“798”、上海苏州河沿岸、杭州Loft49、广州PARK19、深圳OCT当代艺术中心、西安纺织城艺术中心……一批青年艺术家带着自己的理想，将Loft文化淋漓尽致地植根在工业建筑这个空间内。

厂房改造这个始于民间自发的运动更具有启示的意义。公众的介入带来的是一种文化和价值上的认同，体现了他们对工业遗产、旧工业建筑这样的“旧文本”的积极参与，并使其产生了新的价值和意义。

俞孔坚认为厂房之所以能赢得艺术和文化创意产业的青睐，是因为工业建筑有别于日常生活空间的建筑和景观，其可容纳各种非日常的活动，为艺术家的个性设计和创造提供非同寻常的体验。同时，旧建筑是有历史和故事的，可以通过物质的元素，给空间带来一种非物质的氛围，并弥漫四周，创造出一种独特的场所感。这是新的建筑设计所不能表达的。

厂房改造运动从一定意义上来说，打破了博物馆和架上艺术的枷锁，为艺术家提供了展现自己的舞台，也为公众提供了与艺术接触和交流的平台。

三、Loft文化在工业建筑改造中的实践

1.北京“798”传奇(图4～6)

今天的“798”已成为艺术先锋的代名词，是文化艺术潮流发展的风向标和发动机。在这里大量云集的国内外艺术机构搭建了一个平台，促进了文化艺术的交流，同时也为文化艺术提供展示的空间。通过这个平台，艺术走进了人们的生活。当代先锋艺术、建筑空间、文化产业的交融及历史文脉和城市生活环境的有机结合，使“798”演化为一个文化概念，成为中国Loft文化的直接体现。无论专业人士还是普通大众都可能对其所展现出来的文化产生兴趣。“798”对当代城市文化和空间发展产生的影响，使其迅速成为了中国此类艺术空间的代表。

“798”厂房的改造再利用保留了原有建筑的结构、表皮与形态，使其独特的建筑表情得到了完整的提炼和表达，从而形成了代表“798”厂房的一种符号和文化，而被大众解读。

2.改造设计手法

(1)置换

a.功能的置换

工业建筑由之前的工业生产空间，被置换成为文化艺术空间，在功能的属性上发生转变。

b.结构和表皮的置换

结构和表皮作为决定建筑形态的重要因素，也是建筑改造过程中的重点。作为厂房的工业建筑按生产工艺和功能的要求进行设计，满足不同的用途。由于其结构本身有一定的承载能力，所以改造成为具有其他功能的民用建筑，其承载能力完全满足要求。仅需要对结构的状况进行评估，看是否有损坏而需要进行加固，或根据设计者的要求增加新的结构支撑。建筑表皮则根据改造对象的具体情况及改造后的具体需要进行保留、修缮或与结构分离，更换新表皮(图7)。

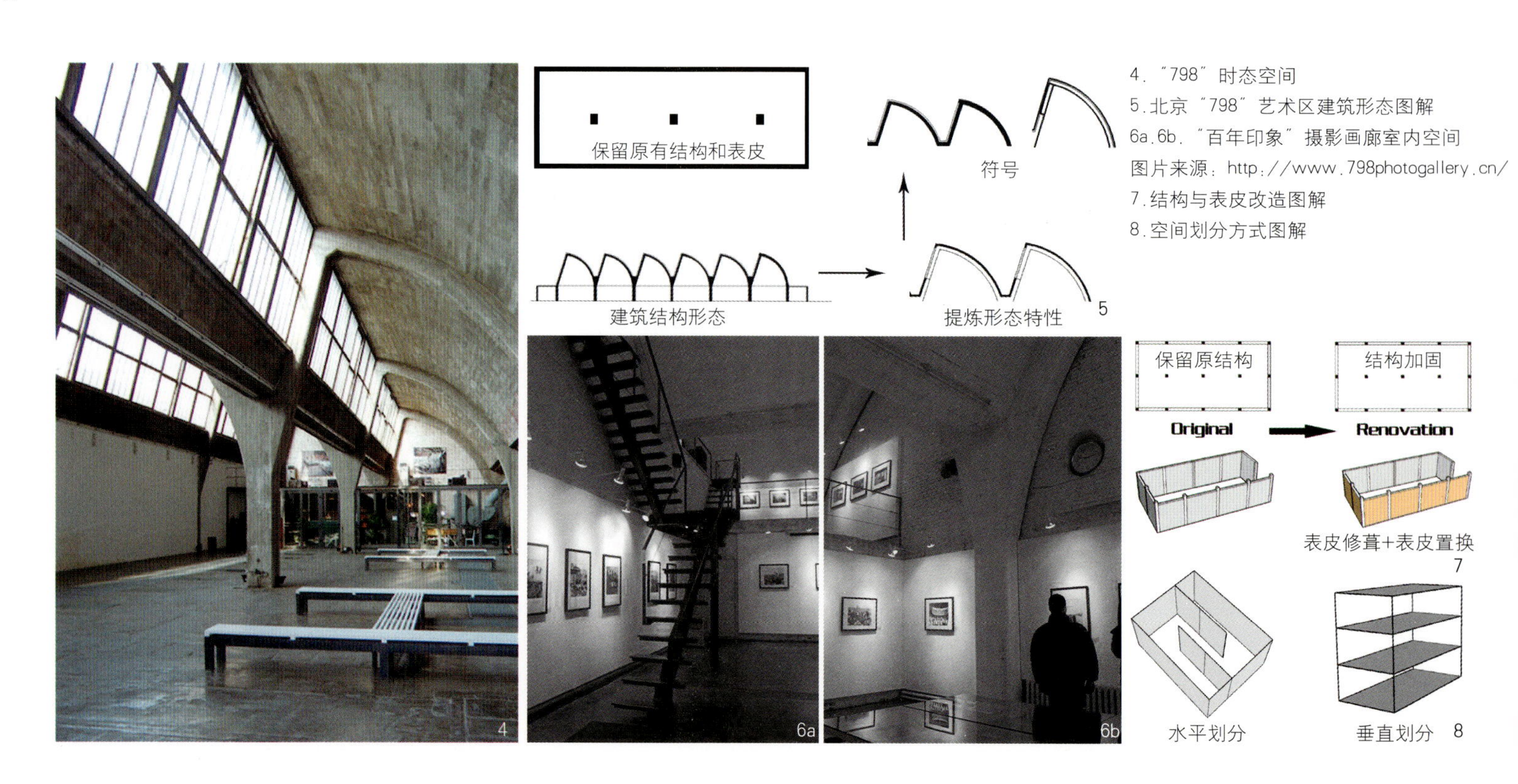

4.“798”时态空间
5.北京“798”艺术区建筑形态图解
6a、6b.“百年印象”摄影画廊室内空间
图片来源：http://www.798photogallery.cn/
7.结构与表皮改造图解
8.空间划分方式图解

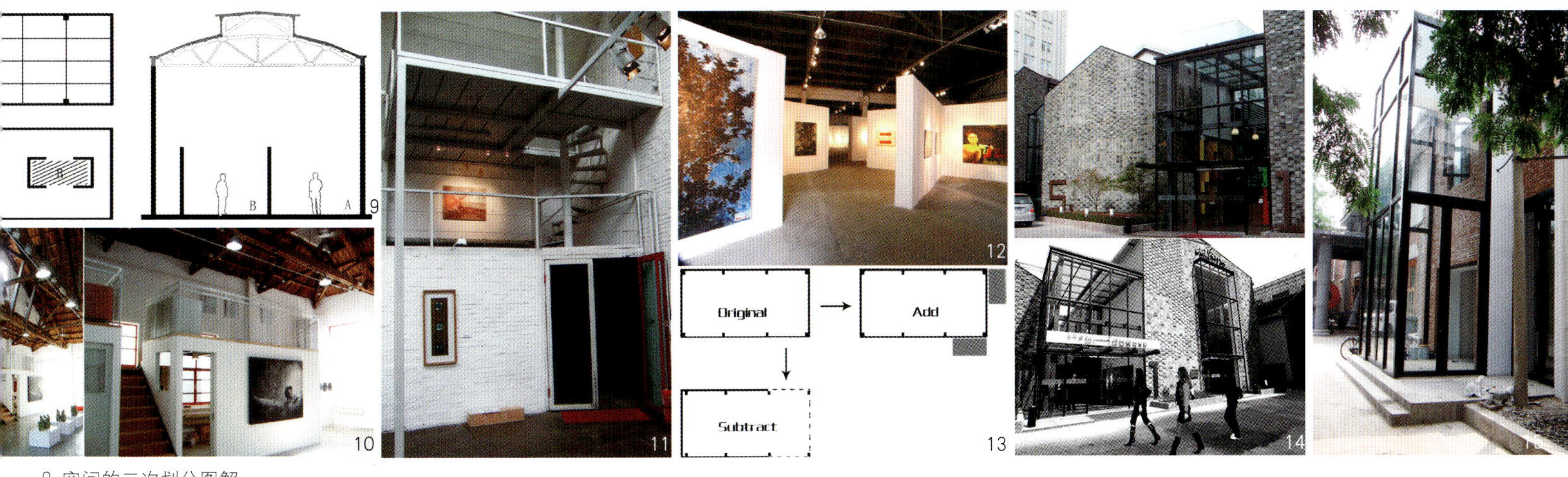

9.空间的二次划分图解
10."中国当代画廊"室内空间(空间二次划分)
11.北京"798"艺术区室内空间(垂直划分)
12.上海莫干山路50号艺术区展厅内景(水平划分空间)
图片来源:http://www.m50.com.cn/
13.空间的加减图解
14.上海8号桥钢结构装置的介入
图片来源:http://wx.zwwx.com/n345864c51.aspx
15."798"艺术区艺术家工作室入口空间外挑结构

2.空间的二次划分(图8)

由于建筑的功能发生了变化,室内空间形态必须重新组织再利用,即进行空间的二次划分(图9~10)。室内空间的划分分为水平划分和垂直划分。二者是将以前不适宜人体尺度的工业建筑空间根据需要分别从水平方向和垂直方向进行分割,从而将大空间分割成若干小空间,以满足新的功能需要。垂直划分的手法在Loft改造中用得较多,分为全划分和局部划分,增加了建筑的密度和垂直方向上的层次。

北京"798"艺术区内的艺术空间根据改造对象为超尺度挑高的工业厂房,通过楼梯或坡道对垂直方向进行分割,增加了空间的层次和容积率(图11)。

上海莫干山路50号艺术区内的空间则根据需要采用了水平方向的灵活分割,在有效使用空间的同时,组织了空间流线(图12)。

根据使用需求进行空间的划分,可以把单一空间转换成为复合空间,形成大小空间相互咬合,使空间流线更连贯。通过围合限定等处理手法在大空间中划分出小空间来,则能够更适宜地区分空间的不同功能属性,使公共空间和私密空间分离,静态与动态分离。

3.空间的加减法(图13)

上海8号桥时尚创意中心位于建国中路8~10号,原为占地7000m^{2}的上海汽车配件厂,改造后在各个厂房单体之间增加了钢结构玻璃空间,形成了出入口,加大了对室内光线的引入。同时这种钢结构玻璃空间成为了连接新旧空间的装置,使建筑形成虚实与材质对比,加大了视觉的冲击力(图14)。

同样,在北京"798"艺术社区,有许多类似挑出的结构,钢结构和玻璃空间的挑出形成了连接室内和室外的过渡性灰空间。这种咬合挑出的结构丰富了空间的递进层次,成为处理入口空间的常用方式(图15)。

四、结论

工业建筑的改造再利用得到了越来越多人的认可,价值观的改变使我们认识到作为城市肌理一部分的旧厂区在城市发展中是不可或缺的。文化创意产业在中国的迅速发展也为旧工业建筑的生存提供了更多的模式和方法。

在后工业文明中,Loft风格保留了工业文明的建成环境特点,进行空间的整合,使废弃的厂房、仓库和工业设施等工业遗产进入群众的生活,模糊了艺术与生活的界限,形成历史与现代共存的局面,从中挖掘美感,融合历史、文化、艺术与现实的功能需求。Loft风格的介入,使工业建筑的改造产生了更多的现实意义,实现了资源的再利用,令工业文明得以延伸,同时在商业背景下,又产生了经济价值。它提供了一种城市环境改造更新及旧建筑改造的合理利用、保留的手段和方式。

参考文献

[1]刘晓都,孟岩,王辉.制造历史—旧厂房的再生.时代建筑,2006(2)

[2]李雪梅.北京798:从军工厂到艺术区.中国国家地理,2006(6)

[3]陆地."阁楼"传奇.建筑学报,2005(11)

作者单位:西安石油大学设计系

从三洋厂房到南海意库
——社区产业置换的“生态足迹评价”

From Sanyo Factory to Southern Sea Creative Warehouse
“Ecological Footprint Assessment” in Community Industry Transformation

林武生 吴远航 *Lin Wusheng and Wu Yuanhang*

[摘要]城市更新过程应该注重生态化的指导和评估，而采用的评估方法和标准是值得考量的。一幢建筑的变迁反映的是一个时代的变迁，一幢建筑的历史折射的是一座城市的历史。我们处于一个城市化快速发展的时代，以深圳为例，工业化是其最早的城市发展动力，随着区位经济地位的不断提高，深圳从原来的工业化推动城市化进程迅速迈入了后工业化时代。本文是对深圳改革开放最早的地区之一——蛇口工业区产业转型的案例分析，希望通过“生态足迹”整体评价法对一个具体的厂房改造项目的指导和评价，来剖析产业转型给社区功能、建筑形式、节能环保等带来的影响，从而阐述我国沿海经济发达地区城市化进程的生态评价方法。

[关键词]城市化、产业置换、生态足迹

Abstract: *Ecological directive and evaluation shall be emphasized during the urban renewal process, and the methods and standards applied shall be given careful consideration. The transformation of a building reflects the transformation of an era. Taking Shenzhen as an example, industrialization was the original propelling force behind the urban development. With increasing economic importance, Shenzhen has now stepped into a post-industrial era. This article takes Shekou Industrial District as a case study of industry transformation. By applying “ecological footprint” methods on a renovation project of a factory, it analyses the impacts on district function, architectural form and energy-saving issues by industry transformation.*

Keywords: *urbanization, industry transformation, ecological footprint*

一、“生态足迹”的定义和原理

绿色建筑，可以视作“将其环境影响控制在自然承受能力范围内的建筑”的统称。绿色建筑评估标准的建立，主旨在于为指导开发过程中对环境影响最小，以及衡量“建筑究竟在多大程度上与其所处的生态环境和谐相处”提供依据。从这一角度看，相对较大区域开发的生态指导和评价，应建立一个相对系统、相对整体的环境考量，而这种“整体的环境考量”是绿色区域开发的核心价值。在操作层面，这种“整体性”包含两重意义：其一是指节能、节水、节材、节地、环保、文化等绿色建筑的不同生态特征，需要在设计时予以整体考虑；其二，是指整个建成区的环境影响与区域的生态承载力需要进行整体考虑。这两重意义共同构成了完整的绿色开发“整体性”特征。而这种相对整体的评价方法，我们以“生态足迹分析方法”（“Ecological Footprint Analysis”）来加以分析，通过考察其基本的原理、优缺点以及在开发中的指导和评价应用，展示其意义和价值。由此我们不难发现，虽然第一种方法在一定程度上，实现了对绿色建筑各生态特征的有效整合，但对于第二个层面——建筑与环境之间的"整体性"，往往缺乏指导、表达和评估，尤其是对于相对大的区域的开发和区域性的产业更替，第二类方法的适用性更高，整体性更好。

生态足迹方法的提出基于以下两个基本事实：

1.人类能够确定自身所消费的绝大多数资源及其所产生的废弃物；

2.这些资源和废弃物大部分能够被转换为相应的具有生产力和生物量的生物生产性土地或水域。

生态足迹的基本方法是通过跟踪国家或区域的能源和资源消耗，将它们转化为提供这种物质流所必需的生物生产土地面积，并同国家和区域范围所能提供这种生物生产的土地面积进行比较，从而判断产业转型后，这个区域的生产消费活动是否处于当地生态系统承载力的范围内，是否具有安全性。

中国环境与发展国际合作委员会和WWF(世界自然基金会)共同发布了中国生态足迹报告。报告指出，自从20世纪60年代以来，中国的人均生态足迹持续增长了约两倍。作为一个大国，中国消耗了全球生物承载力的15%，尽管生物承载力在不断增加，其需求仍是自身生态系统可持续供应能力的两倍多。

报告分析指出，中国的人均生态足迹是1.6ghm^2，也就是说，平均每人需要1.6hm^2具有生态生产力的土地，来满足其生活方式的需要。中国的人均生态足迹在147个国家中列第69位，这个数字低于2.2ghm^2的全球平均生态足迹，但仍然反映出中国面临的重要挑战。

有关学者根据深圳不同的土地类型和消费类型，计算出2005年其人均生态足迹为3.16ghm^2，生态赤字高达3.10ghm^2，这意味着从1986年到2005年，深圳的生态赤字扩大了57倍。而发展高新技术产业与低能耗的清洁工业，产出高能值转换率的产品，实现区域本地产品在能量系统等级的提升，是提升本地承载力的现实途径。

二、高速城市化——深圳的后工业化转型

我们处于一个城市化快速发展的时代，城市人口快速增长、城区规模迅速扩大和城市生存环境恶化是21世纪中国城市可持续发展面临的巨大挑战。改革开放以来，中国经济的高速发展促进了城市化水平的快速提高。目前，中国的城市化水平从1980年的不到20%提高到2006年的超过40%，年平均发展速度约为1%。深圳作为改革开放最早的城市，其经济与城市的发展速度在全国名列前茅。在其开发的早期，工业化是最早的城市发展动力，早期的工业使这个边陲小镇迅速崛起。经过近30年的高速发展，深圳已由原来几十万人口的小城镇壮大成为城市人口过千万的特大型城市。可以说，深圳是中国城市化快速发展的一个缩影，它花了不到30年的时间走过了许多地区上百年才能走完的城市化进程。

20世纪80年代初，深圳特区内开始大量兴建工业厂房以吸引境外投资者开展"三来一补"业务。较早的多层通用厂房是位于深圳蛇口的日资三洋厂房，随后，特区内的厂房如雨后春笋般遍地兴建。自90年代中期以来，深圳市拟定了大力发展高新技术产业、调整产业结构和优化社会资源的规划。从此，每年都有大批技术含量低、生产能耗大的劳动密集型企业迁出特区，进入生产成本相对低廉的龙岗、宝安、东莞和惠州等地区。空置厂房则被改造用于家具城和商场、超市。目前特区内仍有约500万m^2的厂房处于逐年转型变化中，每年有多家企业须完成外迁过程。特别是近几年来，深圳市加大力度整治布吉河、大沙河、龙岗河等上游河流，沿河地区有数十家污染企业必须在限期内整体外迁。

一个城市在跨越式大发展阶段，必然会产生新的问题和新的机会，比如数量不菲的厂房问题。在现代社会中，一些老工厂停、转产之后，留下了许多旧厂房，已经成了一个现实问题。是拆迁重建，还是功能改造，这些厂房的使用年限仅仅是设计使用期的一半，有限的社会资源将在拆除与重建的双重消耗中不公正地再分配。

三、产业置换——三洋厂房的变迁

蛇口工业区最初是以出口加工业和港运物流业为基础起步的，工业大道、港湾大道、疏港大道的两侧是最早发展起来的工业区，有大量的产业工人在这里辛勤劳作，为蛇口的经济腾飞作出过贡献。随着深圳经济的快速发展与产业升级，原有的劳动密集型产业的比重不断下降，高科

技产业、创意产业、商贸业和社区服务业等产业的比重不断上升。在原有的工业区内，较为单一的来料加工业由于区位经济的提升，其租金成本越来越高，利润越来越低，从而面临着搬迁的境地。

"三洋厂房片区"位于南山区蛇口太子路，由6栋4层工业厂房构成，占地面积44125m^2，总建筑面积95815m^2，每栋建筑面积15969m^2（图1）。

厂区建于20世纪80年代初期，是改革开放最早的三来一补厂房之一。20多年来先后有近百家不同性质的劳动密集型企业入驻，其中时间最长、最著名的就是日本的三洋株式会社。因此，人们习惯上通称此地为"三洋厂区"。以"时间就是金钱，效率就是生命"宣传牌为背景的三洋厂区滚滚的上班人潮，如同一幅象征改革开放朝气和生机的画卷，深深地印刻在全国人民的心中。三洋厂区见证了蛇口作为中国改革开放发源地的传奇历史。

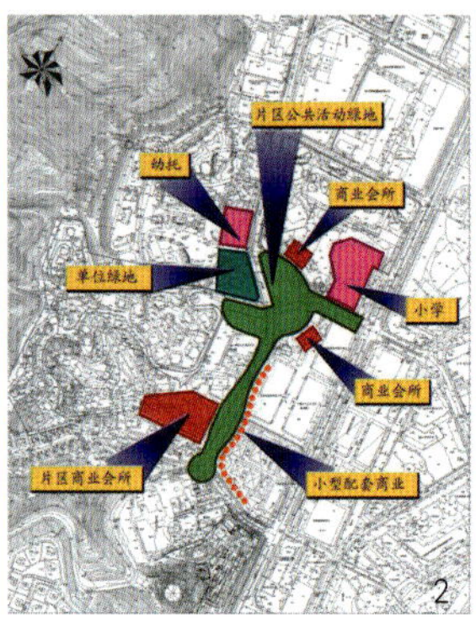

1. 区位图
2. 社区综合开发
3. 复合功能
4. 生态补偿

时过境迁，今日的深圳南山区，集中了深圳的高新技术、旅游、高等教育和物流等代表了深圳最强势的主流产业。而蛇口作为南山区最南端的片区，随着西部通道、港澳珠大桥、沿江高速公路等大型项目的落成，也将成为珠三角经济的主要分享者和主力参与者。唯有综合性的开发策略，即将原有的产业升级换代，打造成国际商贸、高新科技产业和居住为主的综合性现代国际人文社区，才能实现区域土地价值的提升，实现各种产业与功能之间的有机平衡，实现更新城区的持续发展。

1. 产业置换的经验借鉴

世界发达国家从20世纪的60～70年代起，开始从工业时代走向后工业时代。城市功能改变，产业结构布局调整；第三产业逐渐发展并取代了第二产业居于主导地位，导致传统工业逐渐衰落；原有的厂房、仓库等建筑设施失去原有的功能而被大量闲置。

成批的工业企业被改造为高科技产业；集中在城内的大片旧工业区相继被改造为高新产业区、居住区和公共活动区；一些旧厂房及其老环境则被改造成住宅、商店、新型企业会馆和各种公共建筑。

20世纪80年代后期真正掀起了以功能置换等灵活方式进行旧工业建筑再利用的热潮，改造的对象多为工业革命时大量兴建的轻工业厂房及少量的重工业厂房。改造后的类型多种多样，如办公楼、公寓、商店、美术馆等。改造的实践活动也由单一的单体建筑的改造扩展到整个街区的更新和改造。

2. 由工业走向创意产业

三洋厂房的周边有运作相当成功的创意产业项目——深圳创意产业园，它是顺应深圳"文化立市"的发展战略，由招商局科技集团投资建设的集动漫游戏、创意设计等行业的专业化文化产业基地。深圳创意产业园一期项目——"火炬创业大厦"，是深圳市重点扶持的"厂房改造、产业置换"的项目之一。众多动漫游戏、创意设计企业的进驻使基地使用率达90%以上，初步形成了产业集聚效应，为厂房改造和创意产业发展积累了丰富的经验。按照市领导调研创意产业园时的指示精神，在招商局蛇口工业区统一部署下，招商局科技集团与招商地产充分整合资源，依托蛇口国际人文社区的优美环境及海上世界片区异国情调的文化氛围，结合蛇口工业区产业升级和环境改造的总体规划，并借鉴一期基地的成功经验，将位于海上世界片区的"三洋厂区"改造为创意产业园二期基地，进一步拓展基地规模。

目前，经过"三洋厂区"定位研究和规划设计工作的论证，新的厂区规划将以工业历史建筑的文化积淀、体量大小、地理位置等作为主要依据，实行有限目标，高起点规划，高水平设计，高标准建设，充分整合片区社会资源。未来的园区形象既要反映历史建筑的文化内涵，又要体现主导创意产业的现代气息与内涵，更要做到对历史的尊重和对生态环境的保护。既突出形象，又体现效果。

项目改造规划遵循整体、创新、生态、实用的原则，在不改变现有框架结构体系的前提下，力求区内建筑群与城市环境和谐共生，成为功能相近互补、空间连接共融的整体。为将来入园企业提供创业服务的硬件平台，为创意产业人士提供优越的办公环境、完善的配套设施和高速的信息平台。

四、基于“生态足迹”分析方法的开发指导和评估

我们通过一系列对应着一定的生态足迹削减的设计策略(其中每一个策略都可以改善发展的环境表现或使周边居民选择好的生活方式，不牺牲现代的舒适性又可以减小对环境的影响)，将开发的影响降至最低水平。当然这不是非常精确的量化分析，而是一个相对整体的定性分析。通过这种分析方法，我们指导了开发，也进行了环境影响的初步估算。以下是各条策略和评价估算：

1.区域层面的社区综合开发模式——即在有限的生态资源条件下，同时满足城市功能，改善居住环境(图2)，保护自然生态等各项目标，实现人与自然的和谐共处，构建具有人性化特点的社区文化氛围。社区综合开发模式综合考虑了开发中的社会、经济和环境效益，在保护生态环境的基础上，最大限度挖掘城市土地的利用价值，提升房地产的附加值，拉动区内各种产业的开发，促进居住和产业之间的良性互动和有机结合，造就区内生活的高效率和高品质，实现区内功能的持续演替，从而创造一个宜人尺度的生活和工作社区。EF削减值为0.12。

2.基于公共交通的选址——选址于10分钟步行范围内，有良好的公共交通节点，将可有效降低居民对小汽车的依赖程度。而南海意库周边10分钟步行范围内有3处公共汽车站，2010年在不到100m的范围内将有海上世界地铁站，交通条件相当便利。EF削减值为0.06。

3.项目功能复合设施——居住、运动设施、餐饮、托幼、零售与健康设施在区域内的良好组织有助于减少区域人群的出行需要(图3)。南海意库区域除了办公楼外，还有各种商业功能，估算建立在假设支撑区域人群所需50%可以在区域内解决。EF削减值为0.03。

4.就地提供办公场所与就业机会——引入办公、家政服务、IT基础和其他非居住功能，使得当地的居民可以就地工作，避免了通勤的需要。在南海意库的开发中，可以有更多的居民实现区内就业。EF削减值为0.04。

5.生态补偿——对场地整体生态环境进行改造、恢复和建设(图4)，以弥补开发活动引起的不可避免的环境变化影响，保证人工-自然复合生态系统的良性发展。本项目的立体绿化主要分为屋顶绿化和垂直绿化两项。实际应用中，立体绿化良好的生态效益、独特的形象特征和低廉的成本，较其他生态技术更易为业主接受。EF削减值为0.07。

6.建筑材料循环利用——材料和设备的循环利用。原有围护墙体中有一部分必须拆除，得来的砌体废料将被碾碎后用于场区地坪回填(图5)，仅此一项可就地消化处理建筑废料近千立方。EF削减值为0.11。

5.建筑材料循环利用
6.太阳能光伏板
7.太阳能光热板

7.可再生电能——深圳市全年太阳能辐射总量平均值为5225MJ/m^2·年，本项目采用365m^{2}单晶硅太阳能光伏板(图6)，有效使用率按80%计，有效面积292m^2。使用无框标准太阳电池组件，按130W/m^{2}计算，安装总功率达到38kWh/h。太阳能光电板的另外一个有效作用就是减少中庭得热和空调负荷。光电技术节能率为2%，光电系统每年可以发光电约5万度。EF削减值为0.08。

8.可再生热能——主热源为太阳能光热装置(图7)，光热板面积约100m^2，地源热泵作为辅助能源，把低品位的热能转化成高品位的热能，制备生活热水。日生产55℃热水近5000L，主要用于400人的员工餐厅洗涤以及每天约30人的冲凉。系统构成为：太阳集热器、热水箱、循环泵、冷热水系统、地源热泵。阴雨天或光照不足时利用地源热泵生产热水。整个系统的热效率为50%~60%。EF削减值为0.09。

9.绿色出行计划——除了功能设施的复合和汽车俱乐部的引入，项目还建立自行车存放设施和鼓励使用自行车的措施，提倡使用公共交通和分户投送服务。EF削减值为0.21。

10.节能型工作空间——通过对原有厂房的绿色改造，使之成为功能丰富的节能型办公空间。建筑的消耗与传统的办公空间相比，节能率达50%，部分项目的节能率达到65%，成为绿色改造项目的示范作品。EF削减值为

8.人工湿地

0.08。

11.中水利用——各层冲凉沐浴排水、盥洗排水等优质杂排水经单独收集后排至2号人工湿地处理，处理后出水用作水景补水、绿化。各层冲厕排水经收集后排至化粪池，一层厨房排水收集经隔油池处理后排至1号人工湿地(图8)，处理后经过滤、消毒后出水进地下室中水箱，经变频给水装置加压供给一至三层冲厕等。EF削减值为0.01。

12.雨水收集——屋面雨水经虹吸排水系统收集后分3路排至室外渗透井，渗透井设有水平渗透管沟，雨水经其回渗地下，补充地下水；回渗不及的多余雨水排至收集池($100m^3$，雨水收集池溢流水排至市政雨水管)，经过滤、消毒后存储进地下室中水箱，再经变频给水装置加压后供至冲厕、冷却塔补水、地面及道路冲洗等。屋面每年理论上可收集雨水8000余m^3，按35%~38%的收集率计算，每年可以利用雨水2750~2900m^3。EF削减值为0.02。

13.节水器具——所有的水龙头、厕具等采用节水型器具，小便斗采用智能化控制，与常规的器具相比，可以节水约30%。EF削减值为0.01。

14.自然光线和通风利用——尽量利用自然采光(图9)，减少照明负荷，如在地下车库的采光、屋面的天窗采光、中庭采光，可以减少室内采光强度。通过中庭的自然通风(图10)，可以在空调过渡期减少空调的使用时间。EF削减值为0.03。

15.设备节能——采用温湿度独立控制空调系统，与传统空调制冷设备比较，节能率可达30%左右，属国际先进水平，具有空气品质好、舒适度高、高效节能等优点。采用节能电梯，与一般电梯相比，可以节电30%。用智能开关，比普通开关保守估计节能15%。照明在能耗中占35%，得出设计建筑照明能耗的节能率为16%。EF削减值为0.21。

16.社区生活垃圾收集——建立社区生活垃圾收集模式，鼓励社区人群回收花园和办公室的有用废物，尽量双面打印。经过处理的有机废物可以用于花园和蔬菜种植。EF削减值为0.04。

17.建筑构造——采用能耗相对较低的结构形式，如采用轻钢结构框架和原有混凝土框架相结合，可以大大减少建筑材料的使用量。EF削减值为0.03。

18.增强结构牢固性和延长使用寿命——经过近30年的使用，原有钢筋混凝土框架结构的某些节点出现了裂缝。为了保证其安全性和耐久性，本项目在结构的节点部分采用碳纤维加固的方式，可以大大加强结构的牢固并延长结构的使用寿命。EF削减值为0.02。

19.回收设施——三洋厂房改造后，原有的变压器、高压开关柜和电力电缆通过合理调配都加以利用，仅更换了部分低压柜，从而为项目节约了近300万元。EF削减值为0.03。

20.减少物质消耗——鼓励人们购买更少的消费品，或尽可能购买由对环境影响小的原料生产的产品。物质消耗减少10%，生态足迹可以削减0.06，物质消耗减少25%，生态足迹可以削减0.14，EF削减值为0.06。

21.社会文化传承——鼓励原有工作和居住者生活方式和娱乐方式的传承，以及原有社区文化活动的延续，同时，为社区的人们创造健康的生活，可以减少生态足迹0.01。

将本项目实践的21个生态足迹策略的生态贡献加起来，可以使使用者对环境的人均生态足迹值削减至约1.86hm^2。

五、结语

城市更新过程应该注重其生态化的指导和评估，而采用的评估方法和标准是值得考量的。当前我国《绿色建筑评价标准》的制定，沿用的是以既有规范与专家系统的权重系数为组织基础的框架体系。依据这一体系形成的生态

9a.9b.地下车库自然采光
10a.10b.中庭采光及自然通风

目标是相对单一的（区别于依赖于各种规范的地方实施细则），其所规定的生态目标的结构组成和相互关系（指节地、节能、节材、节水、室内外环保和运营管理要求等权重划分）也是相对固定的，这样的体系在现实的操作中不可避免地要面临许多实际问题。由于地区的自然资源、经济状况、社会人文条件千差万别，具体的生态目标并不一致，以相对单一的环境目标与结构组成，要求背景不同的地区，容易导致制度要求与实际情况的背离。对于社区型的城市更新，单纯的指标评价法有着较大的漏洞和矛盾之处。而"生态足迹分析法"目前的应用主要集中于大尺度的城市——宏观层面，在社区中观层面的应用还很少。我们认为，这一分析方法具有通用性、易理解性等特点。将建筑环境控制在其所在区域的生态承载力水平内，是绿色建筑的根本目标，即生态承载力应成为社区产业置换和综合开发的"底线"。我们相信每一个体系都有其优缺点，应该与时俱进，在不断的实践中修正和完善自己，希望本文的粗浅分析，能给未来的绿色实践带来有益的影响。

＊国家自然科学基金资助项目（项目批准号：50778112）课题名称：南方地区既有建筑的绿色改造研究

作者单位：招商局地产控股股份有限公司

既有建筑改造中的结构加固设计

——蛇口三洋厂房改造纪实

Structural Reinforcement of Existing Buildings Sanyo Factory Renovation Project in Shekou

郑 群　强 斌 *Zheng Qun and Qiang Bin*

1a、1b.蛇口三洋厂房的过去VS现在，同一空间，不同的时间，所映射出的不同创造价值

[摘要]本文较详细地记述了蛇口三洋三号厂房的结构加固项目从目标确立至设计施工的过程，从中对我国既有的抗震设计规范进行了反思，同时对如何进行评价建筑的安全性、确立抗震目标、提高其抗震性能并延长使用寿命，提出了一些思路与方法，对类似的工程有一定的借鉴意义。

[关键词]蛇口三洋厂房、结构加固设计、抗震性能、改造

Abstract: *The article depicted the whole process of the structural reinforcement project of No.3 workshop in Sanyo Factory in Shekou District. By reflecting on the present building aseismatic codes, it put forward suggestions and methods on the evaluation of building safety, setting up of aseismatic goals, and increasing aseismatic performance thus giving buildings extended serving time.*

Keywords: *Sanyo Factory in Shekou, structural reinforcement, aseismatic performance, renovation*

一、引言

蛇口三洋三号厂房建造于1982年底，隶属三洋厂区，厂区内共有多层通用厂房6栋。建筑是历史记忆的载体，当时蜚声四海的日资三洋株式会社从这里开始了它在中国大陆的首次生产，从此，我们知道了"流水线"、PC、PR、工卡、打卡钟、打工等现代新名词。也是从那时起，在蛇口的马路上，早晨迎着朝霞，晚上披着鄢红的晚霞滚滚如织的女工自行车群就成为了一道靓丽的风景。20年后的今天，昔日的场景已逐渐淡出了人们的视线，曾经人声鼎沸的厂区已沉寂空置，如何处置这些旧厂房便成了城市再生的新课题。

二、工程概况

三洋三号厂房（图1～2）为4层现浇钢筋混凝土框架结构，于1982年底建成使用。总建筑面积为16000m^2，层高4m；标准柱距为6.6mx6.6m，横向5跨、纵向16跨；柱截面为500mmx500mm，纵向框架梁为350mmx700mm，横向框架梁为250mmx600mm；楼板采用单向板布置，次梁为250mmx500mm，板厚为80mm。 基础设计为柱下独立基础，按原工程地质勘察报告描述，持力层为砾砂层，地基承载力容许值[R]=150kN/m^2。柱、梁、板钢筋混凝土强度为C20。厂房改造后作为办公楼使用，为营造更为舒适的办公空间，将二至四层楼板中间的一跨结构梁板整体拆除，形成建筑的采光中庭(图3)，屋顶则采用钢结构

2a.2b.从三洋厂房到南海意库的蜕变
3a.3b.南海意库采光中庭改造前后

2a

2b

3a

3b

加建一层，并在建筑北侧加建入口前庭(图4)。

三、结构抗震加固设计

由于原建筑结构没有进行抗震设计，框架柱的钢筋混凝土强度低，梁、柱、节点没有采取箍筋加密等抗震构造措施。依据现行的规范体系进行抗震验算的结果表明，在罕遇的地震作用下，框架柱抗剪承载力验算不满足规范要求。首层、二层框架柱90%出现塑性铰，不满足大震不倒的设防目标。因此必须对几百根框架柱进行增大截面的加固处理。显然如此操作工程量大，施工周期长，而且费用很高，是不可行的。

为了能找到更好的改造加固方案，我们与施工图审查单位、设计院进行了多次讨论分析，学习研究了国内既有建筑改造加固工程的经验，最终确立了以下的设计思路和方法。

1.确定抗震设防目标。结合改造的工期、成本等因素，明确了后续使用年限按30年考虑；结构的设防目标和性能设计按89规范的各项要求进行复核并进行相应的加固；明确小震不坏、中震可修和大震不倒的设防目标，结构抗震安全性比78规范有明显的提高。

2.确定结构抗震验算的原则。抗震验算与抗震设计相比，可靠性要求有所降低，当按现行设计规范的方法验算时，地震作用、内力调整、承载力验算公式不变，但需引进抗震鉴定的承载力调整系数rRa替代设计规范的承载力调整系数rRe。抗震鉴定的承载力调整系数可按现行建筑抗震设计规范承载力调整系数值的0.85倍采用。

3.对于不同设计基准期建筑的设计地震作用取值的依据。本项目的后续使用年限按30年考虑，依据性能设计的思想和原则，不同的使用年限、安全等级及设防目标等，都应有相应一致的设计基准期。而不同的设计基准期建筑的地震作用取值是不同的，可以从地震危险性分析获得的年超越概率推算出来。但这要求有各地的年超越概率，通常较难获得，故可以在规范规定的设计基准期给定的地震作用（地震烈度和设计基本地震加速度）基础上进行调整，以获得相应的设计地震作用。如设计基准期分别为30年、40年的多遇地震作用取值分别乘以折减系数0.75、0.9；设计基准期分别为30年、40年的罕遇地震作用取值则分别乘以折减系数0.7、0.85。

4.注重结构整体抗震性能的分析。在对整体结构进行抗震性能分析的基础上，综合抗震加固方案的经济合理性，最后确定采用增加剪力墙的抗震加固方案(图5)。我们经过了多次的试算和比较，结合建筑平面中墙体的布置，考虑在建筑中间和两端位置增加几片剪力墙。通过改变原结构的框架体系为框架–剪力墙结构体系，加强了结构的整体刚度，由剪力墙承担了50%以上的水平地震力和总地震倾覆力矩，解决了原框架结构抗侧刚度不足的问题。同时采用局部增加剪力墙的结构方案，在罕遇地震作用下，对框架柱、剪力墙、节点进行抗震验算，有效控制塑性铰出现在梁端和剪力墙部位，同时避免框架柱上出现塑性铰，满足了大震不倒的设防目标，同时抗震构造措施也可以适

4.南海意库入口前庭

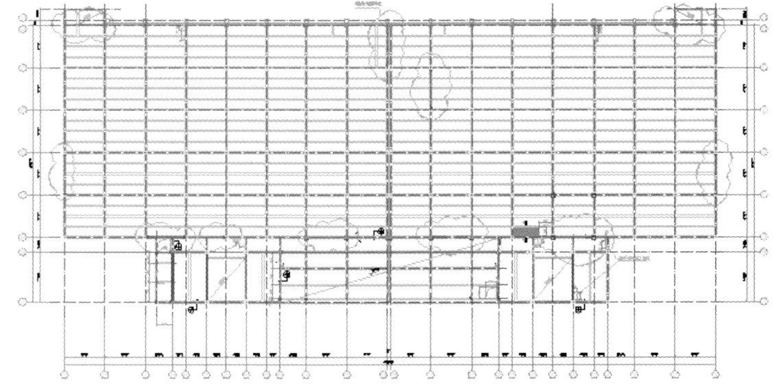

5.增加剪力墙布置图

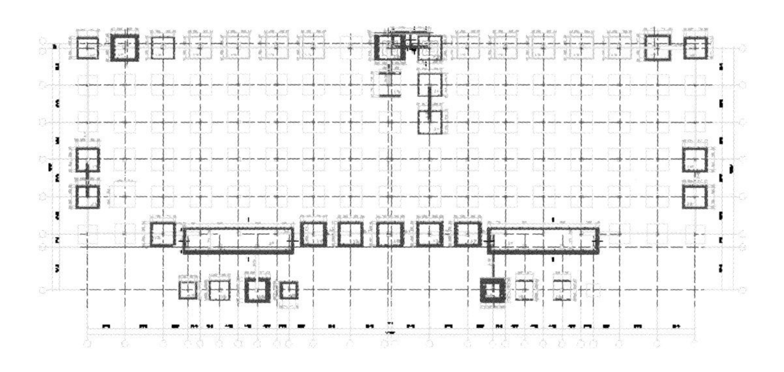

6.基础加固平面布置图

当放松。

基于抗震验算的结果，最后的抗震加固方案是，对框架柱上下端500mm高范围进行粘贴两道碳纤维的处理，从而大大减少了抗震加固的工程量，缩短了工期。

四、基础的加固设计

原基础设计为柱下独立基础，按原工程地质勘察报告描述，持力层为砾砂层，地基承载力容许值[R]=150kN/m²，基础埋深为2.100m。从设计院提供的初步设计基础加固图（图6）中可以看到，30%的基础需进行加大基础底面积的加固处理。基础加固的原因是建筑加建一层或局部增加设备夹层和前庭等，均会使基础承担的荷载增加。而设计院在进行地基承载力验算时，没有充分考虑持力层土在长期荷载作用下的固结压密作用。因此，我们在初步设计图纸审查意见中，明确要求设计院重新进行地基承载力和变形验算。

考虑到基础加固的施工难度大、工期长、成本高、施工期间受天气环境的影响因素大以及加固施工过程中的土方开挖可能会造成对持力层土的扰动等不利因素，我们与设计院进行了多次沟通讨论，最后确定通过补充勘察，取得持力层土固结压密后的物理力学性能变化参数，再进行地基基础验算。

为了更真实地反映地基土当前的物理力学性能，我们委托西南勘察设计院对场地进行了野外旁压试验和圆锥重型动力触。旁压试验是在钻孔中进行的一种原位载荷试验，其试验原理是：将旁压器置入预先钻好的钻孔中并通入高压氮气使其膨胀，对周围土层产生横向压力，使土层发生形变。土层形变量数值上等于旁压器体积增量。在地面压力体积控制器上，逐渐增大氮气气压并观测旁压器体积变化，从而得到土层随压力变化的变形曲线，根据这一曲线便可求取土层旁压模量等多种力学参数。

本次勘察的补充报告提供了岩土层旁压剪切模量、旁压模量、变形模量、压缩模量、地基土基本承载力以及地基土极限承载力。通过表1对比持力层土固结压密前后的承载力及压缩模量和变形模量的变化，我们发现对于不同地基土层，在长期荷载作用下的固结压密，其承载力有不同程度的提高，本次试验对比砾砂层提高达30%以上。

表1

试验地层	fk(kPa)	E0(MPa)	ES(MPa)
本次原位补勘砾砂层(2007年)	240	22	7.0
原勘察砾砂层(1980年)	150	18	5.5

依据本次试验结果并综合参考原勘察报告，考虑到长期荷载作用下地基土的固结压密，对原基础重新进行地基承载力验算，其结果均满足规范要求。由于本工程局部增加剪力墙和加建部分的结构柱均落于原基础，需进行基础间沉降差验算。而地基变形计算深度范围内的土层为残积层、全风化及强风化，其土样的扰动会使测得的土的压缩模量偏小，因而采用传统的分层总和法计算地基沉降量会偏大。为保证地基的沉降量与实际结果更接近，我们采用土的变形模量作为计算参数，进行地基的变形验算，结果其计算值均小于建筑物地基变形允许值。上述试验和验算工作的成效是十分显著的，最终设计取消了扩初设计对30%的基础进行加固的方案。这不仅节省了改造成本（按扩初图纸估算基础加固成本约20万），而且大大缩短了工期。

五、结语

在既有建筑改造的结构设计中，对于如何正确评价既有建筑结构的安全性和可靠度，评估结构的抗震性能、提高建筑结构的整体抗震能力，确定合理的抗震设防目标并挖掘地基承载力，延长其使用寿命和满足新的使用功能，本文给出了一些设计思路和设计方法，对类似改造工程的结构设计应该有一定的参考意义。然而，在国家现行的抗震规范、鉴定标准和加固标准中，从性能设计方面对既有建筑抗震的评估，以及要达到的抗震加固目标等相关条款，存在着标准不一致和局限性较大等问题。因此，希望有更多的人积极关注和参与改造加固项目如何执行抗震设计规范这个课题的研究。

作者单位：招商局地产控股股份有限公司

从化温泉高尔夫花园

——关于山地住宅开发与环境保护的尝试

Hot Spring Golf Villa in Conghua

Housing Development in Hilly Area and Environment Protection

深圳市筑博工程设计有限公司

Shenzhen Zhubo Architecture & Engineering Design CO.,Ltd

综合技术经济指标一览表

项目	计量单位	数值		所占比重(%)	人均面积(平方米/人)
居住区用地	ha	15.2667		100	99.98
住宅用地	ha	8.724		57.14	57.13
公建用地	ha	1.8039		11.82	11.81
道路用地	ha	4.0457		26.50	26.49
公共绿地	ha	0.6931		4.54	4.54
其它用地(E)	ha	0.0000			
居住户(套)数	户(套)	住宅	359		
		公寓	180		
居住人数	人	1527			
户均人口	人/户	住宅3.5			
		公寓1.5			
总建筑面积	万平方米	12.0963			
计算容积率建筑总面积	万平方米	9.6105		100	62.94
住宅建筑面积	平方米	95104.88		99	62.28
规划	平方米	95104.88			
保留	平方米	0.0			
公建面积	平方米	1000		1	0.65
规划	平方米	1000			
保留	平方米	0.0			
其它建筑面积	平方米	24857.71			
地下建筑	平方米	24857.71			
架空建筑	平方米	0.0			
住宅平均层数	层	4			
高层住宅比例	%	0.0			
中高层住宅比例	%	0.0			
人口毛密度	人/ha	100.02			
人口净密度	人/ha	175.03			
住宅毛容积率	%	0.62			
住宅净容积率	%	1.34			
综合(净)容积率		1.35			
综合(毛)容积率		0.63			
总建筑密度	%	22.04			
塔楼建筑密度	%	—			
绿地率	%	42.92			
人均公共绿地面积	平方米/人	4.54			
拆建比		—			

绿地明细表

项目		面积(平方米)
居住区用地		152666.70
绿地	绿地总面积	65526.97
	公共绿地	6931.76
	宅旁绿地	33430.55
	道路绿化	21455.05
	水面	3709.61
绿地率		42.92%
人均公共绿地		4.54
规划总人口		1527

停车场信息指标一览表

	型号	户数	个数
私人停车	A 型	8	16
	B 型	10	20
	B' 型	10	20
	C 型	40	40
	C' 型	57	57
	D 型	6	6
	D' 型	6	6
	E 型	16	16
	E' 型	134	134
	F 型	72	—
公共停车	地下	202 (1400 m^2)	
	路边	148	
小计	665		

建筑单体信息指标一览表

户型	占地面积(平方米/栋)	地上建筑面积(平方米/栋)	地下建筑面积(平方米/栋)	高度(米)	层数	栋数	户数	计容积率积总建筑面积(平方米)	不计容积率积总建筑面积(平方米)
A 型	201.11	445.18	50.76	9	3	8	8	3561.44	406.08
B 型	98.09	262.88	59.25	9	3	10	10	5250.6	592.5
B' 型	98.09	262.18	59.25	9	3		10		592.5
C 型	95.67	229.06	43.15	9	3	20	40	9162.4	1726
C' 型	94.81	205.62	43.15	9	3		57	11720.34	2459.55
D 型	105.6	189.73	32.5	6	2	3	6	2291.34	195
D' 型	105.6	192.16	32.5	6	2		6		195
E 型	168.05	394.00	135	15	5	21	16	3152	1080
E' 型	164.02	383.00	138	15	5		134	25661	9246
F 型	115.52	212.58	22.09	19.2	6	12	72	15305.76	265.08
会所	632.68	1000	8100	7.2	2	1	180	20000	8100
酒店式公寓	1864.95	7000		15	5	2			
公 寓	1777.66	12000		18	6	1			
小 计	—	—	—	—	—	78	539	96104.88	24857.71

总平面图

当我们的土地资源越来越紧缺，当山居时代来临之际，我们是否已经做好准备迎接挑战？当老套的低设计含量、高建造成本、大生态破坏的“推平式”建设模式还在蚕食我们脆弱的生态环境的时候，我们是否已经意识到自己责任的重大？深圳市筑博工程设计有限公司近期完成的“从化温泉高尔夫花园”项目是一个山地型社区，本文就此类型开发项目的几个问题进行探索，包括开发利用与环境保护、建造成本与居住舒适度、自然景观与人文景观等方面，算是一次有益的尝试。

一、项目概况与场地分析

本项目位于素有“广州后花园”之称的从化市温泉镇风景区，区域环境优美、资源丰富、生态平衡。用地东临105国道，南接温泉高尔夫球场，西有茂密的原生态丛林，西北角是静静流淌的流溪河，北面就是静溢祥和的温泉小镇商业街。基地除了东面及东北角临市政道路外，其他界面如南、西、西北自然景观优越，视线良好，日照充分。北向远景优美，近景则有几栋较为破旧的房屋影响视线。

用地内沟壑纵横，整体呈现高台形态，地块具有相对独立性。大部分用地为陡坡、深沟，难以利用，但如果处理得当，可变废为宝，为景观添色。从房地产开发与环境保护角度来看，用地适宜进行低强度开发的高端住宅区建设。

二、总平面规划

我们始终认为，用地内外不可多得的原生态植被，是项目拥有的巨大无形财富。如何将其保护好、利用好、发展好，是包括开发商、规划设计师以及景观设计师在内各主体的共同责任，也是项目能否取得成功的关键因素之一。

因此，我们制定了项目开发的总体思路——适度开发、充分利用、有力保护，力求达到经济效益、社会效应和生态平衡的最大化。

1.规划设计理念

(1)了解影响山地建筑的各自然因素，归纳地质地形、水文、植被对其环境可能产生的影响；

(2)对基地形态、形体表现以及空间组织的各种模式进行分析；

(3)从山地建筑与山地生态环境的相互关系出发，分析山地景观的环境原生性、视景独特性、生态脆弱性和情感认同性；

(4)归纳山地交通的特点、寻求车行交通、步行交通与山地环境、山地建筑结合的可能；

(5)在山地工程技术方面，从防灾、结构稳定、土方平衡等要求出发，研讨绿化、水文组织、边坡稳定及建筑防水的一些具体应对措施。

基于项目所在地块的城市区域位置、自然环境及用地规划设计条件，我们设想将城市化建筑空间与自然环境因素有机整合起来，提出“打造自然闲逸的原生态山地社区生活”的家居理念，令人与自然和谐共处，自然与人文景观相映成趣，就像乐谱里的音符，谱写着山居生活的优美篇章。

2.景观规划

落实开发与保护的总体思路，结合景观资源与用地状况，我们在地块核心区域设置了纵横十字型两条主景观轴，并在轴线上设置了一个社区中心景观区(开放型)与两个组团中心区(半开放型)。在用地西侧，利用地势，使社区与原生态植被之间形成一个带状湖泊，是人与自然和谐共生的缓冲器，从而形成了“一带二轴三中心”的规划结构。轴线的设置，不但把区域内外的景观资源统一起来，同时也建立起一种秩序，即景观资源由开放——半开放——半私密——私密逐级过渡。

在规划布置过程中，严格控制建筑间距，精心设计围墙，把宅间路作为景观资源当中的线性因素，结合蜿蜒展开的山路特点，间或设置放大的景观节点，令人穿行其中就有如欣赏一幅宁静的山水画。

在建筑景观控制上，我们设想的理想状态是：山间小路郁郁葱葱的树丛中跳跃着尺度宜人、精雕细琢的小房

剖面图

剖面图

A户型造型（后院）

A户型造型（入口）

屋，犹如撒落在自然环境中的雕塑品——纯净而富有个性；同时，建筑依山就势，重重叠叠的檐口线与起伏的山脊线相映成趣，极大程度地丰富了城镇的天际线。

3.交通组织

山地形态复杂、特征明显、地势落差大，所以必须依山就势布置道路系统。主干道不必太宽，满足消防环道的坡度、宽度及转弯半径即可；次干道结合地形及建筑组群，自由拓展，灵活运用“之字路”、“半边街”、“爬山街”等多种形式体现山地住宅特色，形成多层次、活泼、有机的道路网络结构。这样使道路既是交通的动脉，又形成不断延伸的观景线，也使视线层层变化又串联一体，呈现多种类型的景色。蜿蜒的街道空间，以建筑体块为媒介，空间上下左右相互穿插、连续渗透，使街景逐次展开，空间有抑有扬，体味出亲切和趣味来。步行系统在细部处理上保持山地特征，以视线联系的多样兴趣，减弱因地形坡度带来的疲劳感，成为居民散步、健身和赏景的情趣之径。

4.建筑布局

规划设计中结合不同地段的坡度起伏特征及地质条件，自由灵活地进行布局，将多层建筑布置在较平缓的地带（或通过半地下车库改造成较平整的地带），而较低的别墅类建筑布置在山坡、台地上，可以降低造价、方便施工，减轻交通负荷，利于景观资源合理分配。坡度较大的地带开辟不同高差的相邻道路，充分利用地形的具体条件，采用错层、跌落、筑台、退台、爬坡、吊脚、架空等多种手法设计建筑单体，利用建筑屋顶布置绿化，形成观景露台，使不同建筑用户均能享受不同形式的私家花园，让建筑与原有自然地形紧密结合，融为一体。

在充分研究别墅特有的空间需要的前提下，结合现有地形加以优化改造，以求取得理想的别墅形态。在入口部位形成私家前院花园，扩大坡地别墅的室外活动空间。室内部分则考虑业主的生活需求，形成不同的生活功能区。为整体而设计，通过这些原生态材质及毛石、玻璃、木材、钢的应用，使建筑彰显自然、朴素，成为高品质、个性化的居所。建筑可见和不可见的部分因环境而共生并相互融合，从而更加和谐统一。别墅建筑通过大面积实体墙板和通空玻璃的灵活运用，结合朝向、景观、功能的需求，形成丰富多变的室内外空间和建筑体量。外墙材质以玻璃、轻钢、木、石等为主，配合平台、架空、吊脚等建筑形式，整体感觉轻盈、飘逸、舒展、大气。

三、建筑单体设计

“因地而生”是所有建筑单体设计的纲领性原则，其从剖面设计开始，场地因素贯穿始末，不同的场地条件，就衍生出不同的入口、标高及看与被看的关系。视线是剖面设计另一个重要的依据，我们力求每个户型都能越过前排房屋的视线遮挡，欣赏峰峦叠翠的美景。

在造型设计上，我们控制所有建筑的尺寸，以适宜的体量轻柔地介入到自然景观当中。简洁而繁简得当，注重细部推敲和材料的应用，力求体现出都市建筑的美感——精致而富有设计感，与自然和谐又不失自我。

本项目取得的成功经验，证明我们开始拟定的策略是正确的。开发利用与环境保护策略，不仅使得项目形成独一无二的特色，还大大降低了在景观环境建设方面的投入。顺应山势（等高线）布置建筑，既有利于交通道路的组织，也有利于保留原有山体状态。另外，建筑能否契合地形进行设计也是非常重要的一点，处理得当，不仅能有效减少对地势的改造，降低开发成本，还能大大地提高房屋的舒适度。

*摄影：匠力建筑·装饰摄影设计 陈勇

“十里方圆”设计随感

Reflections on the Design of Ten-Li Square

项目名称:方圆

项目地点:广东鹤山

项目甲方:(广州)鹤山市方圆房地产发展有限公司

项目时间:2007年4月

项目类型:住宅+商业+幼儿园+学校

用地面积:135665.0m²

建筑面积:107282.13m²

容 积 率:2号地块 0.52;1号地块 1.00;3号地块 0.32;7号地块 0.63;幼儿园、小学 0.36

深圳市筑博工程设计有限公司

Shenzhen Zhubo Architecture & Engineering Design CO.,Ltd

总平面图

自古以来，人们就认为“选宅应择山而居，得水为上”，有“智者乐水，仁者乐山”之说，并视此为居家的最高境界。

近年来，由于城市扩张的发展要求、郊区化居住品质的提升要求、亲近自然的生活要求、资源稀缺的节约要求以及回归天人合一居住文化的人文要求，大型山地混合居住社区的居住模式应运而生。

“十里方圆”项目就是一个优秀的代表。以坡地为场景，通过营造精致有趣味的生活空间，引导出亲近自然并富东方意味的高品质生活，是我们规划及方案致力的目标。

一、规划

“十里方圆”规划以理性推导为出发点，通过对场地的充分认识、城市及周边环境影响的考量，及山地住宅工程技术要求的具体分析，推导出以下结论：

1.重视生态环境的保留与营造

充分利用坡地特征，保留有利坡向山体，弱化不利坡向，并将其整理成缓坡、台地，为建筑提供适合的基地。保留部分山体和原有水系，通过合理整治为社区提供自然资源，平衡生态。

2.强调社区中心及开放空间设计，强调公共价值重于私有价值

区内相对自给自足，减少对外界的依靠，商业街、会所、国医馆、幼儿园、小学等形成社区中心，与分布于各个大组团之间的公共开放空间，形成小区户外生活的核心。

3.以组团构成社区的基本单元

根据地块价值，合理分配不同密度的住宅组团。同时每个组团的边界都是明确的，有属于自己的内庭院，提供组团邻里交往的空间，增加小区的尺度感和安全感。不同组团因产品差异及地貌而各具特色，从而增强邻里归属感和识别性。

4.清晰简洁的路网体系

小区采取环路与尽端路相结合的方式，主干交通清晰，支路保证组团的私密性，减少穿越干扰。在此基础上让道路面积最小化，减少建筑成本及道路对原始地形的破坏。

5.混合居住模式

“大区”不同层次的住宅混合规划，令景观、土地与配套资源得以充分利用。这种模式让不同成长期的中产阶层有共同的生活空间，增加生活气息和居住气氛，有利于社区文化和人文环境的形成。

二、2号地块单体设计

2号地块为别墅区，有合院、联排、双拼及独栋别墅，面积从200m²～450m²不等，共同的特点为精致的空间处理。

1.重视内院空间的设计

从合院别墅到独栋别墅均有不同层次的院落组合。核心内庭院、前后花园庭院与单向开敞的侧院，解决了低层大进深住宅内部的采光通风问题，使气流被循环导入，创造自然通风，形成良好的小气候，在节能环保的同时使自然与建筑、内部与外部充分交融。阳光与空气的引入，形成联系天与地的内向精神空间，这种内向性与国人内敛自在的居住理念相吻合，是单体设计的核心部分。

2.重视餐厅的设计

快节奏的现代生活中，与家人相聚的时刻是珍贵的。餐厅位置是一家人最常聚集的场所，故我们每一种单体的设计都非常重视餐厅的位置、尺度、采光与通风，从而使每一个餐厅都拥有明亮的光线、舒适的尺度、赏心悦目的景观及半私密的位置，有助于形成温馨的“家”的感觉。

3.精心推敲的房间尺度

根据不同的功能，精心推敲每一个空间最适合的尺度。客厅、主人房做到开敞、宽阔、气派，但不是大而无当。父母房、儿童房等亦有合理的面宽与进深，能舒适地使用。交通面积在舒适的前提下尽量紧凑，并且光线充足。

4.阳台和露台

作为半开放的空间，既使室内外有良好的过渡，又保证室内空间的私密性。

三、造型设计

以现代的方式构成有东方情趣的空间，结合自然地形特点，用简洁平和的手法组合穿插；利用天然石材、砖、木材、钢材和玻璃，充分表达材料本身特性，形成轻盈舒展的造型特征；以百叶、隔墙等构件提供户间必要的阻隔，同时增加立面的层次感；结合广东湿热的气候条件，以深挑檐营造较深的阴影，丰富立面的进退关系；以东方的、自然的、现代的造型诠释有品味的山居别墅的身份特色。

四、材料

传统材料（石材、木材、砖）与现代材料（钢材、玻璃）“混搭”，使用上表达各自不同的材料特征，形成理性精致的细节特点。

五、色彩

以白、暖灰的基调为主，让温暖的本色和冷静的金属灰色取得平衡，也使内敛、含蓄、有层次的东方审美情趣得以回归。

*摄影：匠力建筑·装饰摄影设计 陈勇

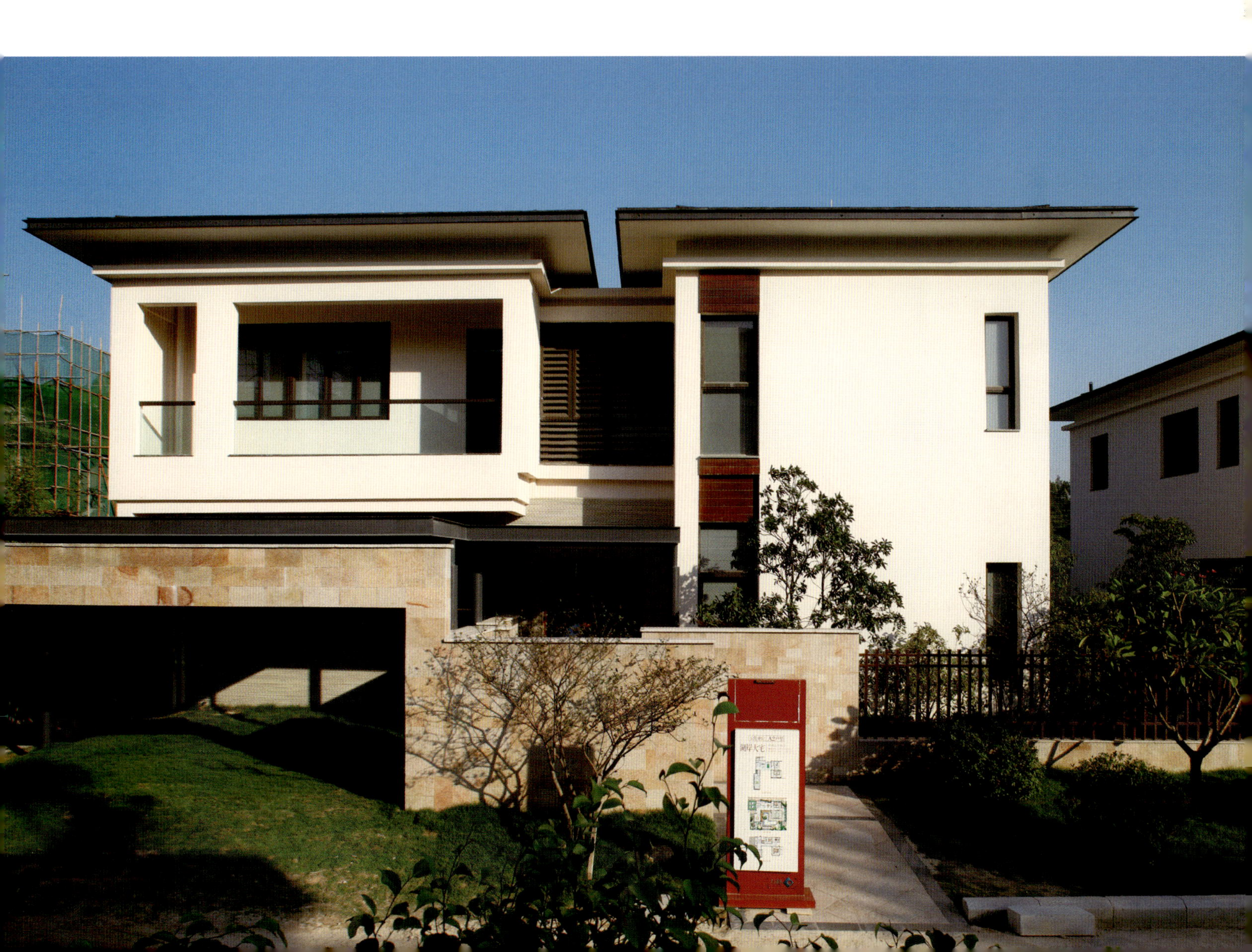

心的宁静——“富力湾”景观设计

Spiritual Tranquility——Landscape Design of Fuli Bay

北京源树景观规划设计事务所 *R-Land*

规　划　用　地：22万m^2
委　托　单　位：北京富力地产
景观设计单位：北京源树景观规划设计事务所
主要设计人员：白祖华、胡海波、张鹏、丁玲、孟江月、夏强、汤进
规划设计时间：2007年1月
竣工时间(示范区)：2008年5月
图　片　提　供：北京源树景观规划设计事务所

从东方的桃花源到西方的伊甸园，人们始终有一个梦想——在远离市井喧嚣的青山绿水中自由地生活。然而，“桃花源”、“伊甸园”毕竟只是一种梦境，是人们对和谐自然生活的某种愿景。随着城市的发展，即便只是梦境，似乎也成为了一种奢求。在现实世界里，我们看到更多的是征服，自然成为了人类表演的舞台。

2007年5月，由北京源树景观规划设计事务所设计完成的“北京龙湖•滟澜山”给北京的地产景观带来了不小的冲击。但人们大多只是看到高标准景观所带来的震撼力、冲击力以及在强烈刺激下所产生的巨大商业价值，很少有人能够理智地去思考“滟澜山”对“自然”的真正理解。在这种误读下，一场以“自然与生态”为名的园林竞赛巍然成风。堆砌，还是堆砌，只不过这次的材料由钢筋水泥变成了活生生的植物。很多模仿者为高成本景观投入所带来的眼球效应付出了高额的代价。自然是有道的，更是有度的，好的景观环境所给人带来的舒适与宁静并不是金钱堆积所能实现的，这也正是我们打造“富力湾”并把它介绍给大家的初衷。

一、项目概况

“富力湾”位于北京顺义潮白河畔，总占地面积22万m^2，是富力地产倾力打造的首个低密度住宅项目。建筑采用院落式围合空间，秉承国人传统的人居理念，全新演绎人与自然共生的美好画卷。

二、设计定位

现代版的《桃花源记》——一处现代人避世的港湾，这便是我们对“富力湾”最强烈的感觉。因此，景观便不

1.示范区总平面图
2.绿色环绕的池塘喷泉
3.私家庭院景观

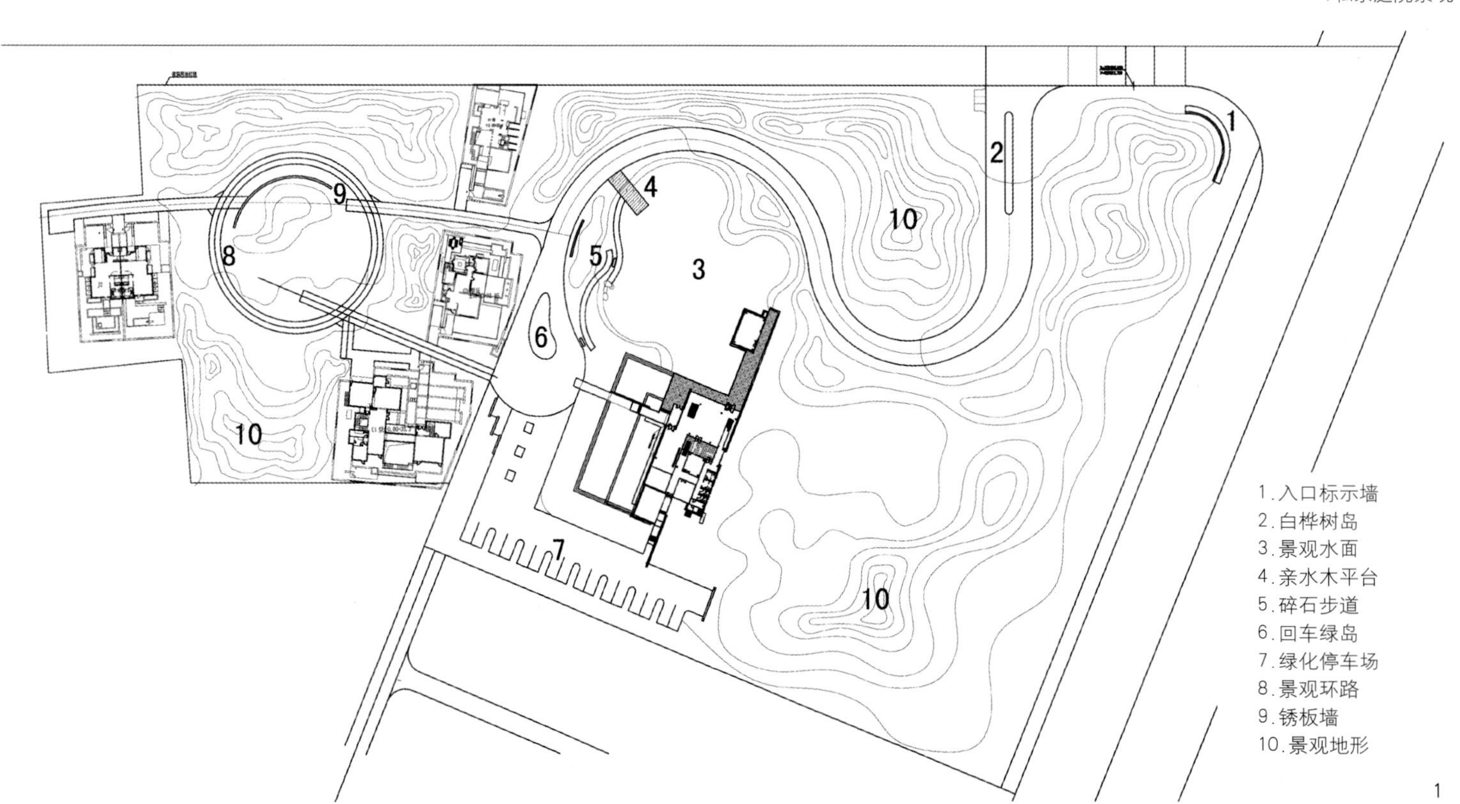

1

2

3

4. 尽端绿地中生长出的锈板墙
5. 用心演绎水岸生活
6. 安静的园内小径
7. 生长在绿色之中的生态建筑
8. 茂密背景下的阳光草地
9. 生态分车带
10. 疏密有致的园区种植

11. 精致的路边小景
12. 庭院路侧茂密的种植
13. 充满生机的水岸处理
14. 草地中远眺对岸景观

是只需处理几个好看的节点那样简单了。整个环境的营造成为了一个必须要处理的整体，就像一首乐曲，连续而不能间断。

三、景观设计

一条路径决定一种心境，这便是“富力湾”所追求的“东方哲学”。从入口到会所及样板区的动线经过了反复的考量，最终的设计否定了原有规划中过于城市化的部分，没有扭捏的装饰与娇艳的鲜花，一切都很简单。曲径、坡地、略显粗犷的树丛、点缀着淡色野花的草地，掸去了城市的喧嚣。低唱的溪流在弯角出现并伴你一路前行；穿过白桦林，绿树掩映之下依稀可见的是清澈的湖水；水被树木和草地包裹着，沙沙作响的碎石把人们引向水边的平台；睡莲与芒草在水中摇曳，涟漪中依稀可见的是会所的倒影。简单、宁静、自然，似乎这里本该如此。

穿过一条点缀着淡雅花卉的小径，便进入了“富力湾”的实景样板区。有别于会所部分“自然”的状态，圆与直线的组合表现出了“富力湾”简约、时尚的另一种面貌。大尺度的圆形环岛是连接售楼处与各处样板间之间的交点，弧型的锈板长墙使两者在色彩和质感上产生了某种过渡与联系。样板庭院是“富力湾”最能体现设计细节的部分，单从围墙上便可以看出设计者对功能与时尚的理解。步入庭院，开敞的草地、笔直的步道、纯白的卵石、简洁的跌水、温馨的烤炉、浪漫的餐台……简单的构图、自然的材料，实用功能与居住空间得以自然延展，一切就这样简单地回到了生活的原点。

四、结语

“富力湾”的问世有着非常积极的意义，它游走于梦想与现实之间，在这个略显浮夸的年代，用自己的简单与淡雅诠释出现代景观对美好“自然”的理解。

＊摄影：白祖华、张鹏、孟江月、王丽霞

国内外工业化住宅的发展历程(之三)

The Path of Industrialized Housing (3)

楚先锋 *Chu Xianfeng*

一、中国香港篇

香港的工业化在1953年开始起动。当时香港发生了一场大火，把Shek Kip Mei棚户区基本上都烧光了，造成了53000多人无家可归。于是，政府启动了公屋计划。20世纪50年代香港仅有人口236万，到1965年达到400万，2001年全港人口670万。香港居民住在私人楼宇公司建造的永久性房屋(即商品房)内的占49%，住在公营租住房屋(即香港房委会建造的公屋)内的占31.9%，住在房委会资助的出售单位(类似内地的经济适用房)内的占16.1%。由此可见，近一半的住房是香港房委会建造的，相关部门完全具备控制和引导香港的房地产投资的能力。

公屋的设计方案大多千篇一律，但是它也随着时代的变化经过不断改进，由原来的内走廊、两边排列居室的板式平面布局，发展到20世纪90年代的电梯间设在中间，每个单元均有阳台和洗手间的高层井式平面布局。这种布局在香港被命名为"和谐式"设计，其一直影响着香港的高层住宅设计。图1所示的为香港海滨南岸住宅项目。

"和谐式"的公屋在设计上采用筒式结构加剪力墙，

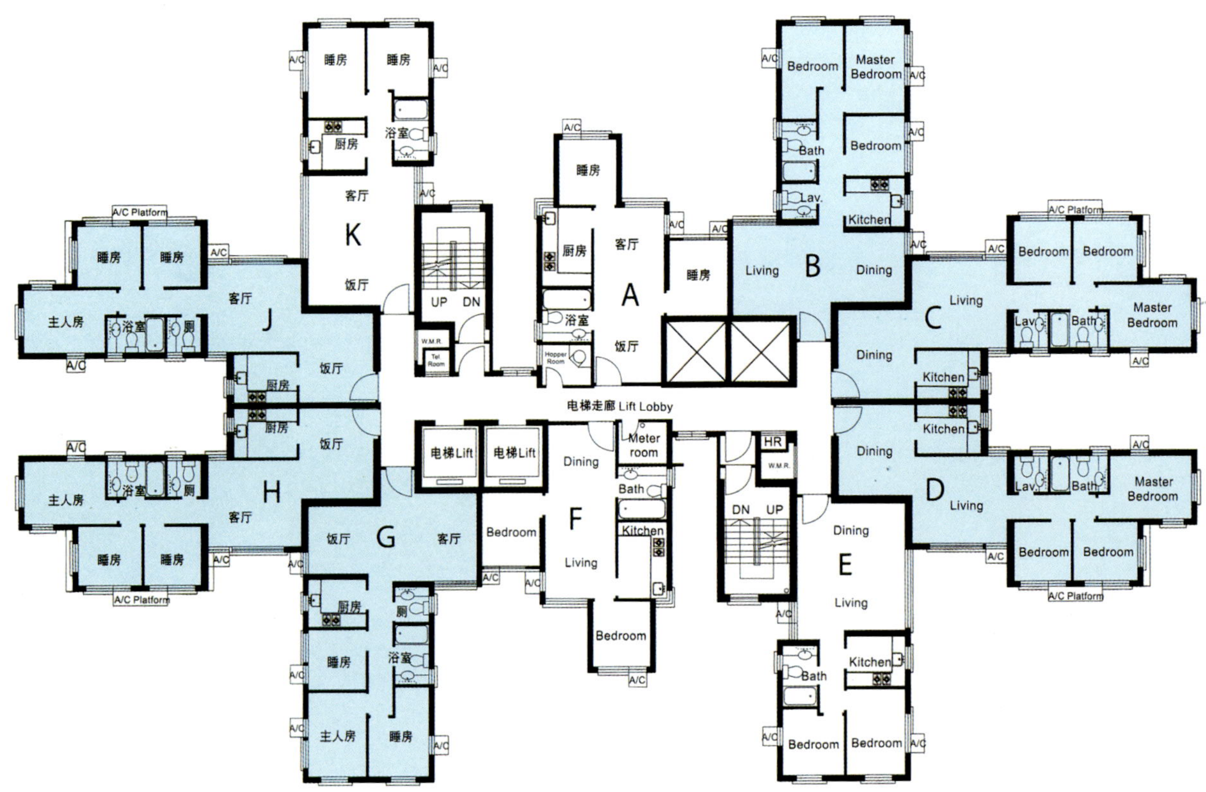

1.香港海滨南岸项目典型楼栋平面图

但其早期的建造工艺比较落后，外墙和楼板全是现场支模现浇混凝土，内墙用砖砌成。建筑管理是粗放式的，建筑材料浪费严重，产生的建筑垃圾令人头痛，施工质量无法控制。于是从20世纪80年代后期开始，房委会提出预制构件的概念，开始在公屋建设中使用预制混凝土构件。当时所有的预制构件都是工地制作，由工地负责质量，但是现场的条件使质量难以控制，后来逐渐把构件预制的工作转移到预制构件厂里面去了。在预制工厂内生产标准化的预制构件，可以很好地贯彻质量管理和ISO9000质量保证体系。

最先放到预制厂生产的是最简易的洗手池和厨房灶台，这两个小部件改为预制装配式后，质量不但得以保证，施工速度也加快了，现场产生的建筑垃圾也减少了，预制装配的工业化工法取得了成功。于是，房委会进一步推动预制装配式的工业化施工方法，把施工现场最浪费模板、最费工时的楼梯也进行预制。1990年，房委会又推行更大尺寸的房屋预制构件，把传统的砌筑内隔墙改为预制条型墙板，这和我们内地推行墙改一样。但内墙板的生产和应用并不顺利。新的产品尚未经过长时间的使用检验，新的施工工法也未经实践的考验，难免出现诸如墙体开裂、隔声不好、不能吊挂重物等问题。不过由于预制内墙板可以加快施工速度，增加使用面积，节约人工和材料，减少建筑垃圾，这些明显的优越性促使房委会坚持推广预制内墙板。一方面政府于2005年开征建筑废物处置费，为了处理施工现场的建筑垃圾，建筑公司除了支付运输费，还要缴纳每吨125港元的处置费。显然预制装配施工会减少建筑垃圾的产生，使得建筑商使用预制部件的积极性提高了。另一方面，政府还采取了一系列质量保障措施，包括：所有生产厂家必须通过ISO质量保证体系认可，使用的配套材料必须经过认证，内墙板的生产和安装由同一家分包商负责，厂家对工地负责的是最后的墙体，而不是送交的墙板等，最终取得了较好的效果。

私营建筑商看到公屋建设使用内墙板产生了良好的经济效益，随即跟进，使内墙板的应用得到了普及，而其成功应用又加快了外墙板的生产。由于香港采用英国的结构设计标准，不考虑抗震，预制混凝土外墙板通过现浇结合部与框架结构主体连接，既不用考虑外墙承重，又不用考虑蒙皮效应对结构的影响，完全是外挂式，能够突出预制装配的优越性。最主要的是预制混凝土外墙板解决了框架填充砌块外墙的渗漏问题。因为现浇框架填充砌块外墙上面的窗户是先预留窗洞口后安装窗框，洞口与窗框间的缝隙用砂浆填塞。由于现场难以控制质量，使得缝隙的密实度不够，在台风肆虐的季节容易造成雨水渗漏。使用了预制外墙板后，窗框直接在预制构件厂预埋、浇筑在混凝土内，杜绝了窗框与墙体之间的缝隙渗漏问题。同时外墙的瓷砖饰面甚至是石板饰面，也都可以在预制构件厂内和构件浇筑在一起，大大减少了高层建筑时有发生的外饰面跌落事故。

由于预制装配式外墙的质量保证率较高，可以减少政府在后期维护的人力物力投入，所以从20世纪90年代起，香港的公屋建造强制性使用预制外墙。又由于公屋的设计标准化，使得预制构件的规模化生产成为可能，带来了不错的效率和效益。1998年以后，私人楼宇（即商品房开发项目）也开始应用预制外墙技术，但是由于预制外墙的成本较高，在2002年之前，全港仅有4个私人楼宇采用了预制建造技术。其大量使用是从2002年开始的，这主要归功于政府的两项政策。为鼓励发展商提供环保设施、采用环保建筑方法和技术创新，2001年、2002年香港屋宇署、地政总署和规划署等部门联合发布《联合作业备考第1号》及《联合作业备考第2号》，规定采用露台、空中花园、非结构预制外墙等环保措施的项目将获得面积豁免，其实是变相提高容积率，多出的可售面积可以部分抵消发展商的成本增加。此两份文件对香港住宅产业（尤其私人发展商）的影响巨大，私人发展商采用预制外墙项目数量从2001年之前的4个增长到2006年的26个。

到今天，由于绝大部分的住宅（含公屋和私人项目）采

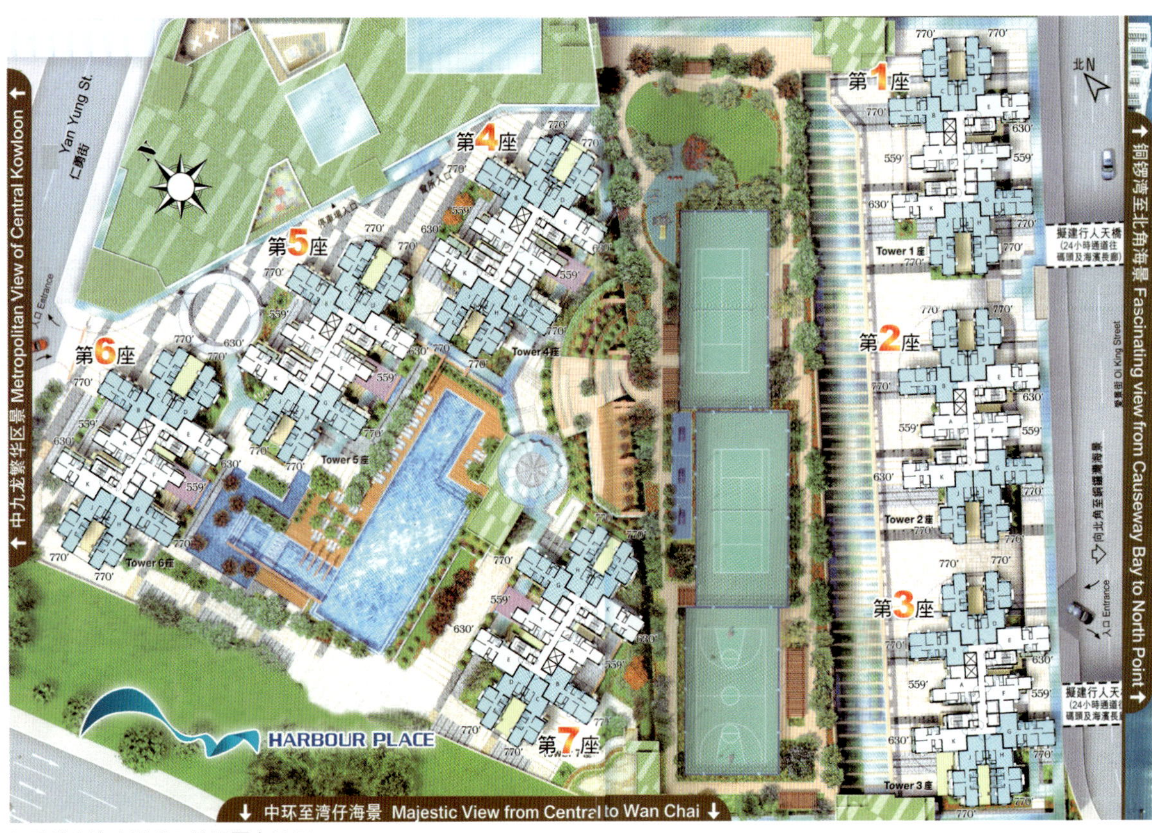

2.香港海滨南岸项目总平面布置图

用了预制建造技术，一些大型建筑公司纷纷到珠江三角洲地区开设预制构件厂。在这些厂里面，窗框甚至玻璃全部装好，瓷砖贴好，然后运到香港工地。由于工地上空间有限，严格要求按计划运送墙板，其直接从拖车上起吊、安装，不允许二次转运。现场工人数量减少，施工效率大大提高，体现了构件生产工厂化、施工机械化的优越性。为了达到规模优势，私人楼宇的设计在考虑个性化的同时，也尽量使用标准化的模块设计。比如我们前面提到的海滨南岸项目的7栋楼宇全部是标准化的，通过规划组织，使整个项目的建筑造型和外部空间丰富多变。

现在，预制构件已经不再是单调、呆板的代名词了，正好相反，现场不容易搭建模板的异型构件，采用预制装配式反倒更加有效，比如能够表现波浪起伏造型的预制构件。

我们来看一些香港工业化住宅的统计数据。

从预制比例来看，2002年，在所建公屋中，预制构件的混凝土方量约占建筑钢筋混凝土总方量的17%。2007年，包括整体式厨卫及结构墙体，其比例提高到65%。由此可见，预制混凝土构件的应用发展迅速。

从选择哪些构件进行预制来看，公屋和私人楼宇是不同的，但是，无论是在公屋还是在私人楼宇中，预制外墙的使用都是占第一位的，平均应用百分比为43%；排在第二位的是预制楼梯，平均有19%的住宅使用；而排在第3位的则有所不同，公屋是半预制楼板，私人楼宇是半预制阳台，总体来说还是半预制楼板的使用比例较大，平均为

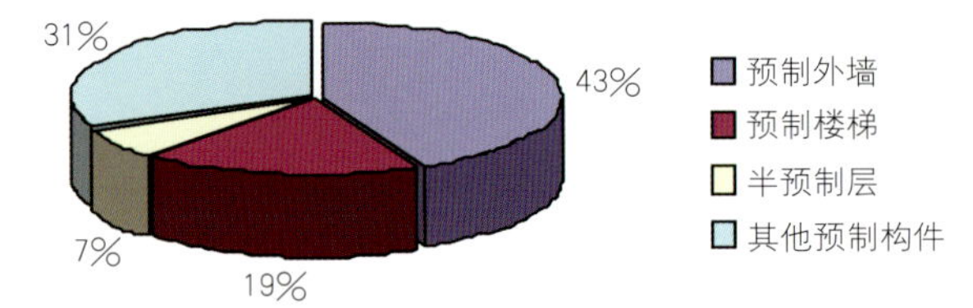

3.2006年香港预制混凝土构件的应用情况

屋宇署　地政總署　規劃署

聯合作業備考第2號

推廣環保及創新的樓宇
第二批鼓勵措施

引言

在二零零一年二月發出聯合作業備考第1號之後，現在再發出這份屬於同一個系列的第二份聯合作業備考，以推廣建造環保及創新的樓宇。有關的目的、適用範圍及申請條件仍然維持不變。

第二批獲豁免計算入總樓面面積及上蓋面積的環保及創新設施

根據《建築物條例》的規定

2.　以下的環保設施如符合某些條件，並由有關人士提出豁免申請，則可獲豁免計算入《建築物條例》所訂的總樓面面積及/或上蓋面積：

(a)　非結構預製外牆；
(b)　工作平台；
(c)　設有郵箱的郵件派遞室；
(d)　隔音屏障；及
(e)　非住宅樓宇的公用空中花園。

4.香港屋宇署、地政总署和规划署联合发布的《联合作业备考》

7%，详见表1。

2006年香港预制混凝土构件的应用情况　表1

应用量排序	综合		公屋		私人楼宇	
	预制构件类型	应用百分比	预制构件类型	应用百分比	预制构件类型	应用百分比
第一位	预制外墙	43%	预制外墙	47%	预制外墙	32%
第二位	预制楼梯	19%	预制楼梯	18%	预制楼梯	21%
第三位	半预制楼板	7%	半预制楼板	8%	半预制阳台	18%

从香港的工业化住宅发展过程来看，政府在其间的作用非常明显。首先，政府的公屋带头使用，抛弃粗放式的建设模式，从我做起，起到示范作用；其次，出台一些限制性的政策，比如征收建筑废物处置费，逼着开发商走资源节约的道路，具有一定的强制性；最后，给予一定的优惠政策，缓解发展商因采用新技术带来的成本增加，起到引导作用。

2006年深圳市成为国家第一个住宅产业化试点城市，2008年深圳市住宅产业化办公室成立，开始进行深圳市的住宅产业战略规划和推进机制及产业政策方面的研究，以期尽快制定相关的产业鼓励政策。深圳完全可以借鉴自己的近邻——香港的经验，把预制外墙部分的建筑面积豁免政策作为突破口，因为这种政策对政府来说既不用付出太多财政经费，也会给开发商带来一些成本方面的补偿。据我们测算，按香港联合作业备考的2号条款，仅考虑预制外墙的面积豁免，项目的可售建筑面积便可增加约4%，开发商可以从这部分增加的销售面积里面得到一部分成本补偿。

二、中国内地篇

纵观上述国家和地区建筑工业化的进程，给我们许多启示，主要有以下几点：

1.建筑工业化并非是一个可望不可及的目标，只要政府下定决心，并通过一些限制政策和鼓励政策进行引导，使开发商、建筑商和生产企业有利可图，是不难推行的，在短短10～20年的时间内即可取得令人瞩目的成就。

2.建筑工业化符合我们建设资源节约型社会的要求，是利国利民的好事，政府应该带头推行。政府投资的建设项目（比如保障性住房）应该积极使用，同时调动从研发、设计、生产、运输、安装等环节的社会力量，逐步发展，以事实影响社会认知。

3.在市场经济占主导地位的今天，单靠发布命令强制使用某项新技术或者新材料是不够的，还应该资助发展商建设一批示范项目，把成功的做法示范给社会看。

4.在市场经济占主导地位的今天，任何有利于公众的事情，必须制定相关的产业促进政策，让相关行业的参与者都得到实惠，单是呼吁，而没有经济实惠是无用的。

5.政府的相关建设主管部门还要组织研发机构建立相关的技术问题，扫清工业化建筑技术的推广应用障碍，同时还要改变现有的审批流程，建立配套的管理体系，扫清工业化建筑推广应用的程序障碍。

现在我们来看一下国内的工业化建筑发展历程。

我国大概在上个世纪70年代初的时候就开始了“三化一改”，即：设计标准化、构配件生产工厂化、施工机械化和墙体改革。其最终目标是实现“三高一低”，即实现建筑工业化的高质量、高速度、高功效和低成本。为此，20世纪70～80年代，政府开始了一系列与住宅产业化相关的政策制定，包括改革城镇住房制度、停止福利分房。随着城镇住宅建设的加快，房地产行业开始萌芽。

在技术方面，最早是学习前苏联的大板房技术。这种技术有很多的缺点，逐渐被淘汰了。其主要的原因并不是它的抗震性能差的问题，因为在北京现存的大约50万m^2的大板楼还没有经历过强烈的地震灾害的验证。实际上，它面临的最重要的问题是外墙的防水、防渗技术比较落后。由于当时的大板楼没有采用构造防水，而且使用的密封胶质量不过关，过了两、三年之后就出现了大面积的渗水。此外，还有一些其他方面的问题，比如没有考虑保温、隔热、隔声的措施，造型单调，审美跟不上时代的发展，等等。所有这些问题，造成其居住的质量和感觉非常差，后来就没有再用了，业内也停止了对预制技术的研究，预制装配技术被淘汰了。

1998年建设部住宅产业化促进中心成立，1999年国务院办公厅转发建设部等八部委《关于推进住宅产业现代化提高住宅质量若干意见》，要求加快住宅建设从粗放型向集约型转变，推进住宅产业现代化，提高住宅质量。在这个文件中，第一次提出了住宅产业现代化的概念。此后，在JICA项目（日本援华项目之一）专家的支持下，按照日本的成熟做法，逐步建立了中国的《商品住宅性能指标体系》、《国家康居示范工程建设技术要点》等文件，开始对中国的商品住宅进行性能认定。

国内的住宅产业化工作主要集中在住宅部品的研发和生产上面，对工业化住宅建造体系的研究较少，主要集中在轻钢结构的住宅体系方面。包括万通筑屋、博思格、北新房屋、居琪美业等在内的轻钢结构住宅开发、制造商，作了许多尝试。从1998年建设部住宅产业化促进中心成立开始到2005年为止，中心陆续批准建立了几个国家级的住宅产业化示范基地，包括：天津二建、青岛海尔、正泰电气、北新建材，都是住宅部品和设备的生产型企业。2005年批准建立的合肥经济开发区也是一个住宅部品和设备生产的工业园。这些基地有产品、有技术，但当它们的住宅部品和技术去打开市场的时候，却发现很难，因为技术的配套与标准问题、审批和验收的问题、成本的问题等等，开发商不愿意用。虽然是国家的住宅产业化示范基地，但在市场经济下，客户不买账，他们也没有办法。

2005年在合肥召开的国家住宅产业化工作大会上，上述四家老基地都强烈批评建设部住宅产业化促进中心，认为他们并没有推动住宅产业化的发展，国家级住宅产业化基地的称号也没有给这些企业带来市场机会。于是，在2006年6月，住宅产业化促进中心颁布了修改后的国家住宅产业化基地的管理规定，把产业化基地变成了三大类，除了保留原来的生产型基地之外，新增加了两类：

一类是试点城市，第一个住宅产业化试点城市授予了深圳市，主要是考虑到深圳作为经济特区，有立法权，能够进行产业政策方面的制定，给予住宅产业的相关企业以一定的政策支持。

另一类是以房地产开发商为龙头整合住宅产业链上的企业形成的企业联盟，属于开发应用型的产业化基地。经过申请，万科成为了第一个获得国家住宅产业化基地称号的房地产开发商。那么，万科又是如何走上住宅产业化发展之路的呢？

5.万科的住宅产业化研究基地荣获国家住宅产业化基地称号

万科集团于1999年成立了建筑研究中心，为集团提出的走住宅产业化之路，像造汽车一样造房子的目标服务。但是，具体怎么走，走什么样的道路，万科作了大量的调查和研究，其研究成果对我国的住宅产业化选择什么样的技术道路具有很大的启发意义。

2004年万科集团工厂化中心成立，中心的第一项重要任务就是同时开展3栋工业化住宅实验楼的研究，包括：预制混凝土结构的实验楼、轻钢结构的实验楼以及钢结构的实验楼，甚至在更早期还考虑过木结构的实验楼。后来经过比较研究，只选择了PC结构进行深化，并完成了1号工业化住宅实验楼的建造。

万科之所以选择PC结构，是处于对我国实际情况的考虑：一是我们国家缺少木材和钢材，钢结构和木结构的住宅在我国的成本居高不下，不能支撑大规模的住宅建造。此外，在消防上面很难进行技术突破也是他们的弱点。二是我们国家缺少土地资源，住宅要向高处发展，只能建造低层住宅、独户住宅的钢结构和木结构，不适合中国的住宅政策导向。三是老百姓更容易接受和传统的砖石建筑类似的住宅。从传统的砖石建筑到钢筋混凝土建筑的转变很容易，而到轻质的木结构和轻钢结构的转变就比较难。

在选择了预制混凝土结构(PC结构)以后，万科又对欧洲、日本和香港的PC结构技术进行了对比分析。我们知道，欧洲是非地震区，采用非抗震技术；香港采用的是英国的技术，同样是采用非抗震技术；而日本的地震灾害比较严重，其对地震的考虑比较全面，所以日本的预制技术体系对我们来说是最适合借鉴和使用的。

日本的PCa结构体系主要有板式体系和框架体系。

板式体系有：WPC——板式(剪力墙)预制混凝土(适合5层以下)；WRPC——框架剪力墙预制混凝土(适合7～14层)。

框架体系有：RPC——框架预制混凝土(适合3～14层)；HRPC——高层框架预制混凝土(适合14层以上)。

对日本预制住宅市场的调研显示最主流的还是预制框架体系。经过几十年的发展，它已成为日本工业化住宅市场的主流，这是因为比起板式结构(WPC和WRPC)，框架结构(RPC和HRPC)更适合于高层住宅，其建筑容许高度也比较高，可以做14层以上的预制住宅。同时，RPC结构也更适合于多样化、自由的平面布局的需求。另外其成本低，空间灵活性大，容易与其他结构(比如RC或钢结构)组合成复合工法。除了这些技术原因，还有一个非常重要的原因是，框架结构的连接方式是最简单的，做简单而不做复杂的原则，完完全全地体现出来了。

现在，万科集团建筑研究中心在做的预制技术研究，把最简单的预制框架技术作为核心，并引入了S-I分离的原则(详见《住区》总第26期《日本KSI住宅》)，二者结合在一起形成了万科的VSI技术体系。该体系已经通过深圳市建筑新技术促进中心的鉴定，成为深圳市建设局推广应用的新技术。深圳市建设局也在2008年启动了深圳市工业化建筑技术标准的编写工作，万科作为主编单位之一为课题组贡献了几年来的100多项实验成果。

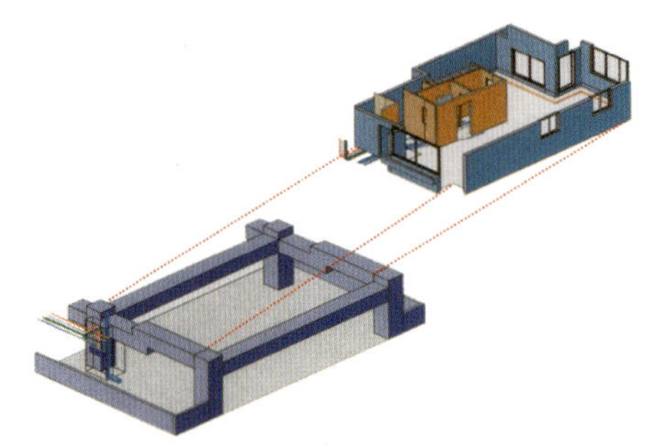

6.S-I分离的概念

为了持续进行住宅产业化的研究和实践，万科在东莞松山湖建立了住宅产业化研究基地。基地建成后接待了大批的政府机构、行业协会、合作伙伴、新闻媒体、股东代表以及房地产开发的同行们，它已经成为宣传住宅产业化的一个重要阵地了。

7.万科的住宅产业化研究基地总体规划

8.万科的住宅产业化研究基地成为深圳市建设科技创新及工业化技术展示基地

其实，在推广应用工业化住宅建造技术的过程中，我们可能会面临很多的困难。可能有技术问题，也可能有成本问题，还可能有技术规范、国家标准、产业政策的问题，当然还有市场接受程度等各个方面的问题。但是总的来看，当前我们面临的问题主要有两个，一个是技术标准，一个是产业政策。参考国外和香港的经验，我们可以找到解决这两个问题的方法：

首先，技术本身不是问题，技术标准才是问题。香港也好、日本也罢，预制住宅技术已经用了二三十年，技术问题已经在使用的过程中完善，我们拿来用就好了。如果一开始用不好，我们还可以请国外的专家手把手教我们，所以技术本身不是问题。但是要在国内应用，我们面临的是这些技术和国内现行的建筑技术标准、规范不兼容，即所谓的"超限"。这种情况就使得设计、审批、验收无标准可依，即使工业化技术的科研单位能够提供切实可行的实验数据证明它们可行，每一个项目还是需要通过专家论证，对工业化住宅的大规模推广是一个障碍。在万科集团、中国建筑科学研究院、同济大学和其他一些科研院所的推动下，国家和一些地方已经开始预制装配混凝土结构规范的编写，包括国家的预制装配式建筑技术标准和上海、深圳等地工业化建筑技术标准。在国家和地方标准出台之前，开发商可以先通过"超限审查"的方式获得地方的技术准许和项目审批。

其次，成本不是问题，产业政策缺失才是问题。在工业化住宅的起步阶段，一方面企业要投入研发经费，一方面社会资源缺乏，也没有规模效应，造成平均的成本水平较高，这些因素都会导致开发商的成本提高。在任何一个国家，为了鼓励新技术的应用，国家都会在起步阶段给予一定的产业优惠政策。对于起步阶段的工业化住宅来说，国家也应如此，包括研发经费补贴、税收减免、贴息贷款等财政金融政策，也包括建筑面积豁免、容积率或建筑高度限制放宽等非财政政策，还可以对报批、报建等程序开辟绿色通道以减少工业化项目的审批周期，提高效率等行政审批措施。只有这样才能促进企业应用住宅产业化技术的积极性，也才能在一定程度上降低工业化给企业带来的成本增加，这样，整个住宅产业才会发展起来。之后，通过社会化、规模化地生产，成本会逐步降低，政府在适当的时候就可以取消这些优惠政策，产业自身也进入了一个良性发展的阶段。

如果能够在技术标准、产业政策方面有所推动，我们国家的工业化住宅的大发展时期应该是很快就会到来的。最后，我想套用一句阳光卫视纪录片的名字《居住改变中国》作为本文的总结，那就是——"工业化改变中国"，它必将带来中国住宅行业的第二次革命。

作者单位：亿达集团项目发展与产品研发部

当前房地产市场发展走势分析及应对建议

Analyses on the Real Estate Market Trends and Counter-Action Suggestions

顾云昌 *Gu Yunchang*

[摘要]2008年，国内的房地产市场出现了较明显的波动，引发了全社会的普遍关注。本文较详尽地对此现象作了分析，并进行了相关预测，提出了保持房地产市场稳定的重要性和具体目标与方法。

[关键词]房地产市场、成交量、供求关系、信贷政策

Abstract: *The domestic real estate market has shown dramatic fluctuation. The article made detailed analyses on this phenomenon, gave related inference, and put forward suggestions on the goals and methods to stabilize the real estate market.*

Keywords: *real estate market, transaction volume, demand-provision relationship, credit policy*

一、2008年以来，国房景气指数呈一路下滑态势，且速度逐渐加快。

2008年8月份指数为101.98点，环比7月回落0.58点，同比2007年7月回落2.70点，成为这个指数环比第9个月和同比第3个月连续滑落。

其中，房地产开发投资2008年1～8月虽然有29.1%的同比增长，但比起1～6月和1～7月的同比增长33.5%和30.9%有明显回落。7月份同比增长37.5%，8月份同比增长下降到18.9%，1～8月全国房地产开发企业完成土地开发面积和房屋施工面积等指数均呈回落之势。

二、全国房屋销售价格指数，自2007年11月以来一路下滑。新建商品住宅价格同比上涨幅度为：2月11.8%、3月11.4%、4月10.8%、5月10.2%、6月9.2%、7月7.9%、8月6.2%。

新建商品住宅价格环比，从2008年2月至7月一直呈现每月0.1～0.3%的微幅上涨，而8月份出现0.1%的下降，这在十年来首次出现。

据此预测，全国新建住房价格的环比很可能从此步入"绿色通道"（下降）；而房价的同比增幅会继续下降，可能在今冬明春达到零。

三、房屋成交量下滑明显，且速度加快。房屋销售量是判断和决定房地产市场冷热最主要的指标。本世纪以来，随着住房改革的深化和房地产市场的发展，全国商品住宅销售面积始终呈现逐年增长的势头。

而2008年以来，这种势头出现了逆转，新建商品住宅销售面积的同比增长出现了负值。2月、3月、4月、5月、6月、7月和8月同比下降的百分点分别为3.6%、0.3%、4.0%、6.5%、6.9%、10.8%和14.9%。

2008年1～8月，北京、上海、天津、浙江、江苏、广东等经济发达省、市的商品住宅成交量下降都在20%以上。如北京市1～8月住宅销售面积仅449万m^2，同比下降55.5%，上海同比下降38.5%。北京市8月份的销售面积不足7月份的1/4。与此同时，二手房的交易面积也同步下滑，导致不少经纪公司关门。

四、量跌价滑是2008年楼市的总体走势，相比起2007年量价齐飙的楼市"盛夏"，似乎进入了"严冬"。

2007年的中国房地产市场是"亢奋"的市场。一是房价上涨过快，商品住宅同比上涨17.5%(据交易部门数据，深圳房价差不多一年翻番，北京房价一年上涨40%～50%)；二是住宅销售面积大幅度增长，同比增长24.7%。

2007年在土地市场上，开发商恐慌性买地，出现了"面粉卖得比面包贵"的怪现象。在住宅市场上，老百姓恐慌性买房，热点城市投资投机买房过甚。不少城市产生了房地产泡沫，有的还比较严重，如深圳、东莞等市。

导致2007年房地产市场出现房价和地产互相推着涨的主要原因，一是资金流动性过剩和扭曲，特别是商业银行发放的个贷猛增(同比增长88.4%)，大大刺激了楼市买家的需求；二是近两三年建设用地供应的收紧和土地"招拍挂"中地方政府自觉不自觉地推动地价攀高；三是调整住房供应政策(90/70)在推进中出现的特殊情况，使2007年商品住宅入市量相对减少。据计算，2007年全国商品住宅竣工面积与销售面积之比仅为0.69：1，而2005年和2006年均为0.8：1。

五、从市场状态看，从2007年12月以来，中国房地产市场进入了供求关系的重大调整期及房价的高位盘整期，出现了市场的理性回归。

分析其原因，一是市场有形之手的作用。从严的货币政策、不断提高利率和准备金率、严格的信贷政策，特别是提高购买第二套住房的首付款比例和贷款利息，发挥了决定性作用。二是市场无形之手的力量。在房价不断推升后，逐渐减少了自住性需求的市场购买力，从而使价格和销售作出自我调节。比如深圳在央行出台第二套住房贷款政策前的2008年8、9月份，已出现房价下行、销售下滑现象。

可以认为，在此轮宏观调控中，房地产市场调控的效果明显，其调控目标已基本实现。现在的中国房地产市场正处在一个十分重要的关口或转折点，即其主要调控任务正从控制房价上涨过快(楼市防通胀)，转变为保持房地产市场的健康发展(楼市保稳定)。

六、下一步房地产市场的发展走势无非是三种可能：

1.在目前下行的基础上，下滑速度加快，以致造成销售量和价格的大起大落(硬着陆)。

2.回落过程中又出现房价和成交量的反弹(不着陆)。

3.在适度回落后，保持相对稳定的发展(软着陆)。

发生第一种情况的可能性并非不存在，深圳等几个城市已基本如此。虽然深圳现在的情况与1997年香港在金融风暴中的楼市泡沫破灭不同，但我们也不能太麻痹。在当今国际金融海啸的经济大环境下，我们应加以足够的警惕和防范。因为一旦全国各地都出现像深圳那样的大起落，其后果不堪设想。

第二种可能性，在2008年第二季度曾有人(部门)提出过，但从今天看，这种可能性已很小。因为整个宏观经济发展走势和整个楼市中的预期已与2005年和2006年完全不同。现在不可能像前两年那样，在"国八条"和"国六条"政策出台后，老百姓经过3、4个月的观望，又掀起买房热潮。

第三种可能性当然是我们所希望的。中央指出当前要"保持房地产市场的稳定"，即实现房地产市场在调控中的软着陆，避免因房地产的大起大落对宏观经济和社会发展带来大的负面影响。

房地产市场的稳定，关键在于房屋销售量的稳定。因为只有房屋销售面积的稳定增长，才能保证房地产开、竣工房屋面积的稳定增加，保证房地产开发投资的持续增长。

七、当前，保持房地产市场稳定发展是非常必要的，也是极有可能的。

1.其必要性在于：

(1)房地产及相关产业在GDP增长中已占到两成的比重，在当前外需下滑、GDP增长急需刺激内需的大势下，房地产的稳定发展可从投资及消费两个方面拉动内需经济。

(2)房地产及相关的几十个行业多为劳动力密集型行

业。房地产能否保持稳定发展，关系到全社会的就业问题，关系到农民工生存和城市化进程问题。

(3)减少金融动荡对中国经济社会的影响，需要我们努力防止房地产市场出现大起大落。如果楼市像股市那样，我们恐怕折腾不起。

2.其可能性：

(1)中国宏观经济发展的基本面是好的，人们的预期没有改变。

(2)中央及时提出“一保一防”，着手“适时微调”，如“双降”会对楼市保稳定发挥积极作用。一些地方政府已着手若干“救市”措施。

(3)房地产市场具有明显的区域性特征，中西部地区和大多数中小城市去年没有出现大起(只有中起或小起)，也就不可能出现大落。这有利于中国房地产市场的整体性稳定。

(4)更重要的是中国房地产市场的刚性需求(结婚用房、改善性住房、拆迁房等自住性住房需求)依然旺盛。目前消费者只是“持币观望”而已。

八、稳定房地产市场应当设定相关目标。

1.防止房屋销售量出现大幅度下滑。要通过保持稳定的调控，争取在2009年上半年销售量实现止跌，下半年出现回升。

2.防止房价大幅度下跌。要通过保稳定的调控，争取在2009年使房价仍然在正负零水平浮动，以达到用“时间换空间”的价格调整目标，从而挤压掉房地产的泡沫。

3.使房地产开发投资增幅相对稳定。争取2009年房地产开发投资仍然有10%～20%的增长，防止出现零增长或负增长。

九、稳定房地产市场的几点建议：

1.房地产业重要支柱产业的地位不可动摇。房地产投资和消费对拉动内需具有长远性。美、英等发达国家走过的路都已证明房地产业在国民经济发展，尤其在工业化、城市化进程中的主导性地位和重要作用毋庸置疑。房地产出现大起大落，必然导致国民经济大滑坡，必然涉及金融安全，这应当成为全社会的共识。

2.政府实施宏观调控是要使“夏天不要太热”，“冬天不要太冷”。房地产同期的调控措施应当充分体现预见性、针对性、灵活性，应当在初露端倪时不失时机地适当“微调”。2008年上半年，楼市逐渐回归理性，而进入8、9月，下滑势头显露，特别在发达城市已十分明显地出现了销售量严重下降的衰落态势。现在是应当明确提出“促交易，保稳定”的时候了。大力促进销售和交易，不应当仅仅是房地产企业的行为，也应当成为各级政府政策的着力点。企业要适时调整价格，政府要适时微调政策。

3.在新一轮的货币政策和财政政策中，需要增加财政政策的宽松性和货币政策的灵活性。在楼市“促交易，保稳定”为目标的调控中，首先要尽快取消现行的对购买第二套住房的贷款政策，使其恢复“常态”。从现实看，个人按揭违约的往往不是买第二套房子的人，特别是已还清了第一套房款的人。这一政策实施时间虽然不长，但恰恰把许多具有改善住房需求的买房者挡在了门外。现在是急需释放这方面需求的时候了。

4.开征物业税的试点需要加快步伐。其既可为地方财政创造稳定的收入，又可有效地抑制房地产投资和投机过度的行为。

5.允许并鼓励地方政府因地制宜地、适时地运用地方财政政策等杠杆进行微调，释放和激励有效和健康的需求，活跃房地产交易市场。

6.稳定楼市发展预期。现在社会上特别是媒体“唱空”、“唱衰”楼市的舆论很多，甚至有人鼓吹大起大落。在楼市保稳定的调控中，既需要“保稳”，也需要“唱稳”，需要政府、行业和媒体科学分析楼市发展的客观规律，全面准确地传递楼市信息，客观报道房价调整的信息，从而营造房地产市场稳定健康发展的良好环境。

作者单位：中国房地产及住宅研究会

我国当前住房困境反思和发展模式探讨

Reflections on the Present Dilemma of Housing Policies and Contemplations on Future Development

刘佳燕 闫 琳 *Liu Jiayan and Yan Lin*

[摘要]住房问题已成为现阶段全社会共同关注的核心焦点。传统住房问题的讨论多数是从住房保障系统的缺失角度出发，但国内外住房建设实践和研究表明，住房问题更多作为城市发展阶段的伴生性问题，并非简单地扩大保障范围或提高经济水平就可以全面彻底解决。因此从城市角度剖析住房问题的实质，对解决我国现阶段住房矛盾和困境具有现实意义。本文在对我国住房体制改革的全面评价基础上，分析当前快速城市化和社会经济转型背景下住房发展所面临的结构性困境，并从推进城市全面协调发展的角度对现行住房政策提出改进建议，以探寻适合我国现阶段城市发展特征的住房发展模式。

[关键词]城市化、住房问题、城市发展

Abstract: *Housing question has become a societal concern in recent years. Traditionally, the discussion of housing question had been mainly based on the absence of housing security system; however, studies and experiences abroad have shown that, as an accompanying phenomenon of urban development, housing question could not be solved merely by extending the scope of housing security coverage, or by the augment of economy. Therefore, analyzing the housing question from an urban perspective will shed light on the solutions to the present dilemma in housing development. Based on an overall evaluation on the housing reform, the article analyzed the structural dilemma of housing policy upon the background of rapid urbanization and socio-economic restructuring. In searching of housing solutions based on the present socio-economic characteristics, it put forward suggestions with an angle of coordinated urban development.*

Keywords: *urbanization, housing question, urban development*

一、住房问题是城市发展的永恒话题

住房，作为社会个体和家庭安身立命的基础，是实现人类更高层次理想和维护社会稳定的前提条件。更重要的是，随着社会财富和经济水平的提高，住房开始超越基础性消费品的属性，成为体现经济和社会价值的重要载体。一方面，在市场经济下，住房作为家庭实物资产的重要地位与日俱增，成为划分家庭经济水平和身份地位的一大标准；另一方面，以住房为核心形成的社会生活网络(联系学校、公园、商店、朋友家和工作地等)，成为保障社会公正和社会融合的基础平台。

传统意义上，住房问题被简单理解为个人或家庭拥有住房以及居住的舒适性问题。进入20世纪80年代，随着社区发展、新城市主义等理论的兴起，人们开始关注城市社会作为一个整体，各居住单元相互之间的外部联系。住房问题开始从个体、家庭走向城市社区、社会，从硬件配套设施建设扩展到居住的友邻关系、人文氛围和快乐健康舒适的可持续生活方式——正如1996年6月伊斯坦布尔举行的第二届联合国人类住区会议报告所示，“人人有适当住房”和“城市化世界中的可持续人类住区发展”成为未来住区发展的两大目标。

任何一个国家都不敢说已经完全解决了住房问题。回顾上百年西方近现代城市发展史，从产业革命和快速城市化进程带来的城市住宅需求猛增，到20世纪初社会结构转型背景下大量核心家庭带来住房需求单元的增加，再到“二战”后城市被战火摧毁导致的住宅数量短缺问题，经济快速发展刺激人们不断要求新式优质住宅。甚至在今天，众多发达国家的城市建设和人口规模已经进入相对平稳期，城市对居住用地的需求仍不断增长。目前，全世界仍有10多亿人处在不同程度的住房紧缺和居住条件恶劣的环境中。可见，住房问题以不同形式贯穿于城市发展的各个阶段，需要我们持续关注和慎重应对。

二、我国住房体制改革发展评价

我国的住房体制改革经过20余年的探索，经历了从试点售房（1979～1985年）、提租补贴（1986～1990年）、以售代租（1991～1993年）到全面推进（1994～1998年）和深化改革（1998年至今）的发展历程。总结其既有的重要积极意义以及不足之处，主要体现在以下几方面。

1.解决了大部分城市居民的住房紧张问题，居民居住水平得到显著提升

2005年，我国城市人均住宅建筑面积达到26.1m²，约为1978年人均水平的4倍（图1）。在高达81.62%的住房私有率水平下，来自于福利分房的房改房成为私有住房来源中最重要的构成部分[1]。此外，住房的产品类型、建设管理的技术手段、物业服务等方面都呈现日新月异、丰富多样的发展局面。

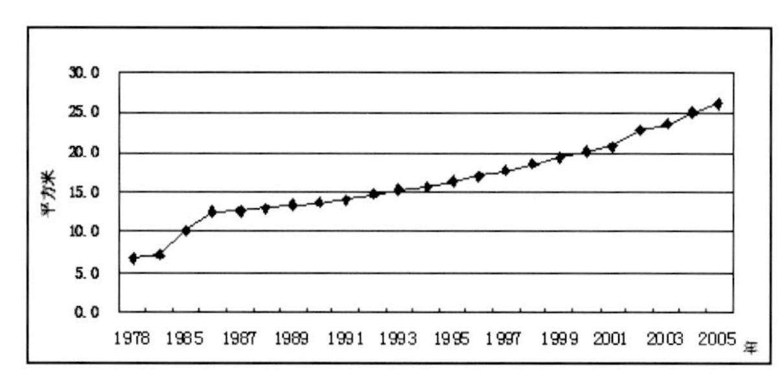

1.1978～2005年我国城市人均住宅建筑面积
数据来源：中国统计年鉴2006

2.提高了居民住房支付能力，促进住房市场供需双方发展

住房改革通过培育市场环境、提供多种投融资手段，提高了家庭的住房购买力水平。尤其体现在城市中高收入阶层支付能力的稳定快速增长，使其成为活跃住房消费市场的主力军。由此，一方面有效刺激了居民的住房消费需求，激发了整体社会为追求更好的居住水平的奋斗动力；另一方面打破了原有的单位制供给单一模式，大力挖掘市场和社会等多元主体的住房供给能力，提供了住房投资和供应的多样化选择。

3.住房分配改革的漏洞进一步加剧了社会贫富差距

从现实情况看来，住房改革的成果并未均衡分配到所有的居民手中，而是主要集中在市场改革中处于优势地位的群体。住房成为促进这部分群体财富累加效应的重要工具：住房体制转轨过程中的双轨制使得大量房改房集中在效益好、地位高、资源多的企事业单位和家庭手中；房改初期，住房价格机制的缺位，使得很多住房以大大低于当时市场价格的水平转到某些特权群体名下；现在的住房市场中，中高收入群体进一步推动投资性购房的热潮，导致房价飞涨而同时伴以较高的住房空置率。随着社会群体间贫富分化的加剧，中低收入群体始终处于弱势位置。人们长久以来不愁住房的依赖心理受到冲击，加上住房保障制度缺失所带来的焦虑心态，综合形成现阶段普遍的住房危机感。

4.住房保障政策过多定位于经济拉动，而忽视社会保障功能

从改革初期的“三三制”、提租补贴到后来的住房公积金制度和经济适用房建设，很大程度上都是重在刺激国内消费和拉动经济增长。例如，经济适用房政策的推行，被许多地方政府作为拉动内需，推动地方钢材、水泥等房地产上、下游产业发展的重要手段。开发商则试图通过大户型、豪华配置的经济适用房建设，吸引更具经济实力的群体来购买，从中获得更大的利润回报。然而，住房既是经济问题，又是社会问题。如果过度忽视其社会意义，将难以避免保障政策实施效果与其初衷的背离。

三、反思我国城市住房问题中的结构性困境

“买不起房”作为现阶段我国住房问题的一个矛盾焦点，并非仅限于某几个特殊群体的住房困境，也并非简单的经济水平或购买力问题，而是从中折射出在整个社会系

统中相互关联的一系列问题，包括如中低收入群体的住房条件艰苦和环境恶劣，尤其体现在旧城地区和城市边缘区形成的低收入住区中，同时伴生社会经济地位的边缘化和社会问题的滋生。经济适用房、廉租房和住房公积金等住房保障手段都存在制度性缺陷，导致住房福利没有真正落实到中低收入群体手中；大量城市外来人口（如刚毕业的大学生、外来务工人员等）受到现有住房保障和福利体系的政策性排斥；房地产供需的结构性失衡，使得越来越多的普通购房者陷入买不到、买不起房的困窘状况，与房地产市场的火爆和大户型商品房的高空置率等现象之间形成鲜明对比等等。

总结和反思现阶段我国住房问题，笔者发现很多矛盾的产生并不是单纯地由经济购买力不足造成的，也不是仅通过简单放大住房保障体系就可以完全解决的。当前的住房问题，很多是城市发展阶段的伴生性问题，难以避免，并且在国家经济转轨和社会转型的过程中，在各种矛盾的共同激发下，呈现集中爆发的趋势。其主要特征包括以下几个方面：

1.快速城市化和城市更新过程带来住房需求群体的扩大

我国已进入城镇化快速发展时期。2006年底，全国城镇人口已达5.7706亿，占总人口的43.9%，城市化水平连续十年以接近1.4%的速率增长。再加上相当可观的流动人口规模，给城镇尤其是大城市带来了巨大的新增住房需求的压力。

另一方面，旧城拆迁和改造也导致大规模被动性住房需求群体的形成。21世纪以来，全国各城市普遍掀起拆迁热潮，被拆迁居民已经成为商品房市场中“重要而且比较稳定的有效需求量”[2]。

2.社会发展和经济转型带来住房需求类型的多样化

当前我国人均GDP已超过1700美元，进入了由低收入到中等收入的经济转型期，由此带来人们住房需求的拓展。其不仅体现在住宅居室的数量和面积上，还包括对于住宅设计（如客厅与餐厅的分离、单独储藏室和卫生间干湿分区等新型空间组合模式）、配套设施（如儿童游戏场、停车库等）以及居住品质的追求。

此外，社会结构转型带来家庭规模的小型化和家庭结构的多元化，呈现出人们对于中小户型的偏爱和对住房供应种类增加的要求；快速城市化和经济全球化模式下，高度的人口流动产生了对过渡性住房的大量需求；而随着近8000万第三次生育高峰出生的孩子陆续进入婚龄期，购置新房成为其结婚成家的首要条件，他们的超前消费观更使得一大批数量可观的超前购房需求被持续不断地激发出来。

3.单中心扩展的城市发展策略导致住房供需的地域间失衡

住房不同于其他商品的一大特点，在于与其紧密相关的土地的稀缺性和区位的惟一性。一般商品可以通过市场机制下地域间的资源流动（如异地生产、异地消费），实现供需平衡，然而住房作为依附于特定用地位置的不动产，是无法再生或异地替代的。

由于受到发展阶段和设施投入的限制，我国大部分大中城市仍然采取单中心的城市发展策略，导致城市中心区成为聚集人力、财力、物力等优势资源的核心，从而出现城市中心区和部分主要功能区附近住宅供不应求，成为推动城市房价高涨和激发住房供求矛盾的核心力量。而处于城市边缘地带的住房，由于区位劣势和配套设施的落后，至少在相当长的一段时间内是难以用来缓解这一供需矛盾的。

4.房地产结构严重失衡和政府调控的缺位

我国住房体制改革是我国社会从计划经济向市场经济转型过程中的产物，尚缺乏对于政府与市场分工的成熟策略和全面调控手段，使得现有房地产供给和需求之间出现结构性失衡的问题。国家对住宅开发用地的严格控制和招拍挂制度的实施，导致住宅供应速度趋缓和房地产开发商征地成本上升；开发商为牟取暴利哄抬房价，或采取分批供给方式惜售囤积房产，进一步加剧了住房供应的失衡；同时，随着居民投资意识的增强和对于房价不断上涨的心理预期，投资性购房行为猛增，形成住房供不应求与高空置率并存的现象[3]。

由于我国住房体制改革的产生是以拉动内需和推动经济的增长为背景的，因此长期以来政府对其的态度更多受到市场的影响，忽视了住房的福利属性和保障功能，从而出现政府职能的缺位和机制的不健全。如对公共住房投入的不足、实施保障过程的监管不严格，以及缺乏对房地产市场的调控，进一步助长了房地产市场的失衡现象。应该说，从城市发展角度来看，政府承担着全面引导社会健康发展的重要责任，政府的思路和态度是当前住房制度改革的关键。

四、快速城市化背景下适宜的住房发展模式探讨

住房问题与城市发展是两个不可分割且相互影响的话题。对于城市这个复杂的系统，住房问题决不是仅仅依靠大规模的住房建设或全面的社会福利就能得以解决，而需要从城市整体协调的高度进行调整。尤其面对我国人多地少和经济社会转型等特殊国情背景，需要寻找符合其自身特点和发展阶段的住房发展模式，注重通过城市社会全方位的预防性策略和积极的倡导措施，来减缓当前住房问题面临的巨大压力。

1.探索良性城市化道路，避免过度的城市人口增长和土地蔓延

提到城市化，人们脑海中往往浮现出以美国纽约、洛杉矶为代表的大都市形象。中国当前绝大多数城市的建设模式，正是在这种模式基础上发展为一种持续的城市扩张，城市建设高速蔓延，不断侵占乡村和农田。然而，美国城市蔓延的背后，是地广人稀的资源优势，是发达的高速公路和各项基础设施建设的充分支撑。这些是我国基本条件和现状发展水平所远远不可能达到的。而且现在美国和其他发达国家社会在经历了对城市扩张所带来弊端的反思之后，已经普遍开始倡导重塑人文尺度的社区生活和追求紧凑型城市发展模式，值得我们深入思考和借鉴。

良性的城市化，应该体现在对城市资源的充分尊重和合理预期上，体现在生产方式向社会分工、集约化、科技化的先进模式的转变，人们生活方式向高品质、社会化的城市模式的转变。重点在于质的提升，而不是一味扩张城市建设用地，或简单地让数亿的农民都进入城市，因为后者对于中国目前十分脆弱的城市生态资源、薄弱的设施建设和社会服务能力而言，都意味着无法承受的重负。拉美国家的城市化"陷阱"就是一个典型的教训。过度的城市化发展模式，使得大量农民进城后，由于收入低或者长期失业，无力承租城市住宅，只好强占山头或公共用地，用废旧砖瓦搭建起简易住房，形成大规模脏乱破败、滋生犯罪的贫民窟。

2.深入认知土地的稀缺性和惟一性特质，协调城市建设与住房发展

土地的稀缺性和惟一性特质，意味着某些特定的住房需求是无法替代或转移的。因此，并不是说通过扩大土地供应量，就能打击土地囤积和起到稳定房价的作用。

土地稀缺性的价值，来自于城市空间布局的外部性，即外部资源要素的可获取性和不利影响的接近度。在城市建设中，影响居住用地外部性的资源要素主要体现在就业、教育、医疗、休闲娱乐等工作和生活配套设施的可达性和可获取性，以及交通成本和便捷度（如出行时间、方便度、舒适性）等方面。在我国，大部分城市单中心的发展模式，使得城市中心区因为集中了各种资源要素而成为所有人安家的首选，由此形成中国特色的郊区化现象。而生活网络和居住地点的分离所带来的通勤成本及其引发的交通问题，进一步推动了市中心地价的高涨。

由此可见，城市的建设模式很大程度上将直接影响和限制到人们对社会住房的选择，因此要根本上解决住房问题，需要从城市规划和建设层面入手进行探讨。可借鉴的措施包括：在城市规划阶段增加对居住问题的考虑，如加强城市混合功能区的设置，减少过度的职住分离；完善配套设施的均衡布局，发展自给自足的新城建设，疏解中心城区和核心功能区的部分住房需求；大力发展城市公共交通，为全体市民尤其是中低收入群体出行提供便利；制定中长期住房建设规划，优先考虑公共住房布局，合理分配居住密度等，从而实现城市建设与住房建设的协调发展。

3.引导合理的住房投入方式，追求积极的城市发展状态

我国每年巨额的住房建设投入[4]，其中大量资金用于拆除旧有房屋，建设新居，但城市新房的增多和居住面积的扩大，就一定能代表整体社会成员生活品质的提升？对居民来说，当一个普通家庭耗尽毕生收入购置住房，却被迫放弃赖以生存的社会生活网络；或者，投机性购房者消极占有住房的同时，也丧失了巨额资金的流动性，导致其他生活消费的大幅压缩，这些无疑都是不健康的住房投入。对于整个社会而言，大规模的拆建支出给政府财政带来巨大压力；以房地产为龙头的城市扩张，也导致政府在管理范围的扩大中只能疲于应付基础设施的投放，无力也无暇承担社会保障职能和维持良好的城市公共空间。

可见，从促进城市综合发展角度重新审视住房投入，不应局限于不断地拆房建房，而应当提倡城市整体居住品质的提升。一方面政府应转变观念，增加对存量住房的开发和现有住房的维护，以减少对土地等资源的侵占和浪费，保护社会成员的生活网络。同时，鼓励政府和当地居民、社区组织共同增加对非正式住房的管理和居住环境改善的投入，使得改善范围能够覆盖更多的低收入群体。例

如在旧城保护项目中采用政府、单位和居民共同负担住房改善工程的合作途径，以及借鉴国外专项住房维护资金的计划等。另一方面应通过税收或住房储蓄等融资手段，抑制住房投机行为，同时激励社会成员为其所拥有或使用的城市土地价值的升值作出贡献。例如现在关于征收不动产税的讨论，正是试图探讨一种关于土地利益再分配的协调手段。

4.提倡健康的居住消费理念，创造宜居空间

居住品质的提升包括两个层次，一是作为生存需求的物质空间提升，二是作为心理需求的交往空间的提升。由于基本条件的差异，不同的人对居住品质的预期不同，一些个别追求豪华和舒适的居住观念也无可厚非，然若社会主流的居住消费观念出现盲目追求大户型和不切合实际需求等问题，则确实需要政府给予重视和正确引导。

住房的舒适性应当与适宜的尺度挂钩。过小的尺度会导致生活品质的压缩（如房间面积太小而不便使用，或厕所等私密空间的公共化等），然而面积无止境扩大的"豪宅"也并非真正的理想目标。社会心理学和行为学研究显示，私人空间的单纯无限度扩大将可能带来居者心理的孤寂和不安全感，甚至生活的不便。现阶段商品房市场中出现的盲目追求大户型和配置过度奢华等不合理现象，多来自市场经济下的利益驱动，也在一定程度上误导了社会主流的居住消费观念。在我国人地紧张的现实约束背景下，亟需政府倡导适宜的、节地型的居住空间规模和健康合理的居住消费理念。

另外，宜人的居住空间还包括便利的生活网络和良好的社会空间，这取决于完善的公共设施建设和和谐的社区居住环境营造。政府应当通过控制合理、适宜的个人居住空间，节约出更多土地用于完善城市公共空间和设施建设，并提升居住社区的社会资本。这对于中低收入群体尤为重要，既能有效弥补他们个人居住空间的不足，还有助于为其努力创造更好的生活品质提供发展机会和信心。

参考文献

[1]陈光庭．外国城市住宅问题研究．北京：北京科学技术出版社，1991

[2]成思危编．中国城镇住房制度改革：目标模式与实施难点．北京：民主与建设出版社，1999

[3]国家统计局．中国统计年鉴，2006

[4]刘佳燕．论"社会性"之重返空间规划．2006年中国城市规划学会年会论文集

[5]孙清华等编．住房制度改革与住房心理．北京：中国建筑工业出版社，1991

[6]田东海．住房政策：国际经验借鉴和中国历史现实选择．北京：清华大学出版社，1998

[7]王立新．北京现阶段中低收入家庭住房建设困境与对策研究：[硕士论文]．北京：清华大学，2002

注释

1.2003年底，全国的房改房面积约有80亿m^2，占全部住房总量的67.54%。见：81.62%：高住房私有率背后的尴尬．中国经济网，2006-07-10．http://www.ce.cn/cysc/fcyj/fcffk/200607/10/t20060710_7665759.shtml

2.数据显示，2003年全国城市房屋拆迁量约为1.4亿m^2，占当年房地产竣工量的28%左右。同年，南京市的拆迁量为400万m^2，房屋竣工面积390.9万m^2，如果按普遍意义上的"拆一建三"来算，这些新建房屋远远不能满足拆迁造成的购房需求。见：建设部最新报告：怎样认识当前房产市场形势．搜房网，2004-10-27．http://home.soufun.com/news/2004-10-27/336734.htm

3.根据国家信息中心经济预测部统计数据，截止2006年11月底，全国空置商品住宅达6723万m^2。见：中国房地产业月度运行报告(2006年11月)．中国发展门户网，2007-03-15．http://cn.chinagate.com.cn/chinese/jj/69795.htm

4.以北京为例，2006年房地产投资累计达1719.9亿元，比2005年增长12.8%。见：房地产市场情况．北京统计信息网，2006-12-25．来源：北京市统计局，国家统计局北京调查总队．http://www.bjstats.gov.cn/sjfb/bssj/jdsj/2006/200701/t20070125_84299.htm

作者单位：清华大学建筑学院

浅析近年我国城市住房政策调控

Comments on Regulation of China Housing Policies in Recent Years

张　昊 *Zhang Hao*

[摘要]本研究在回顾近年我国住房政策的若干重要调控的基础上，结合目前我国住房市场的现状，从地方政府发展、住宅建设投资和住房供应结构体系几个主要方面分析其对目前住房政策的影响。

[关键词]住房政策、评析

Abstract: *This paper has comments on housing policies which were regulated in recent years. Policy effects are analyzed from the aspects of local government development, housing construction investment and structure of housing supply system, and recommendations for future policy are offered.*

Keywords: *housing policy, comments*

一、近年中国住房政策回顾

我国城市住房于1999年底开始全面推行商品化，住宅房地产市场随之迅速发展。自2001年以来城市住宅的价格一路攀升，住房问题开始逐渐凸现。在2004年建设部就曾表示将要"调整住房供应结构支持中低收入家庭购房，包括限制非住宅及高档和大户型住房建设，加大中低价位普通商品房、经济适用房建设等措施"，在接下来的2005和2006年国家进行了一系列住房政策的重大调控。

2005年3月26日，国务院颁布的《关于切实稳定住房价格的通知》(简称旧"国八条")，把控制房价作为各级政府的工作重点。2005年4月27日国务院针对"最低收入家庭基本住房需求"问题又颁布了《加强房地产市场引导和调控的八条措施》(简称新"国八条")。2006年5月29日，国务院颁发的《关于调整住房供应结构稳定住房价格的意见》(简称"国六条")及其细则进一步加强了政府调控力度。

同时中国人民银行多次上调个人房贷利率，从2006年4月开始短短1年多时间，共加息5次，5年以上人民币贷款基准利率上调了15%之多。

人民币贷款利率调整表　　表1

金融机构人民币贷款基准利率　　单位：年利率%

调整时间	6个月	1年	1～3年(含)	3～5年(含)	5年以上
2006.04.28	5.4	5.85	6.03	6.12	6.39
2006.08.19	5.58	6.12	6.3	6.48	6.84
2007.03.18	5.67	6.39	6.57	6.75	7.11
2007.05.19	5.85	6.57	6.75	6.93	7.2
2007.07.21	6.03	6.84	7.02	7.20	7.38

数据来源：中国人民银行网站 http://www.pbc.gov.cn

二、我国住房市场现状简述

商品房价格方面，房价上涨幅度得到了一定的抑制，2005年房价增长幅度为7.6%，较上年的9.7%略有下降，但房价依然较快增长，全国住宅商品房销售均价达到了

2937元/m²，又创历史新高(图1)。到了2006年房屋价格继续上涨，该年12月，全国70个大中城市房屋销售价格同比上涨5.4%，涨幅比上月高0.2个百分点。据国家发展改革委、国家统计局的调查显示，2007年5月，全国70个大中城市房屋销售价格同比上涨6.4%，涨幅比上月高1.0个百分点，环比上涨1.0%，涨幅比上月高0.3个百分点。

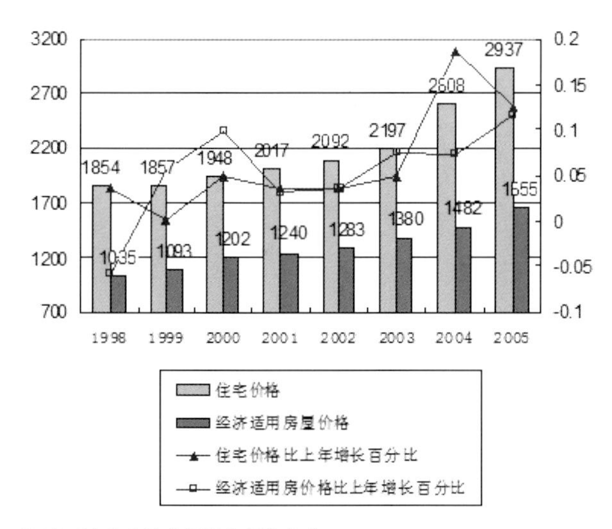

1.按用途分商品房屋平均销售价格
数据来源：2006中国统计年鉴

关于面向中低收入群体的廉租房和经济适用房方面，根据住房和城乡建设部通报，截至2006年底，虽然全国657个城市中，已经有512个城市建立了廉租住房制度，占城市总数的77.9%，但累计用于廉租住房制度的资金仅为70.8亿元，而2005年一年全国房地产投资额就将近16000亿。尽管国家一再发文强调要"重视解决低收入家庭的住房困难，积极推进廉租住房制度建设，多渠道筹集廉租住房资金，扩大廉租住房制度保障范围"，全国仍有166个地级以上城市未明确土地出让净收益用于廉租住房制度建设的比例；绝大多数城市还没有开始将土地出让净收益实际用于廉租住房制度建设，廉租住房建设进展缓慢。全国城市廉租房的建设基本没有起到太大作用。在经济适用房方面，尽管它是中低收入人群实现购房的最佳途径，并且身负抑制房价的重托，但近年来其开发面积及开发投资额所占比例均越来越少(图2～3)。

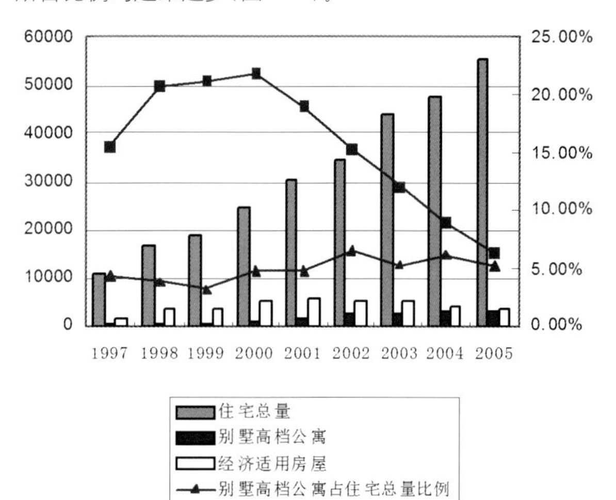

2.按用途分房地产开发企业(单位)新开工房屋面积
数据来源：2006中国统计年鉴

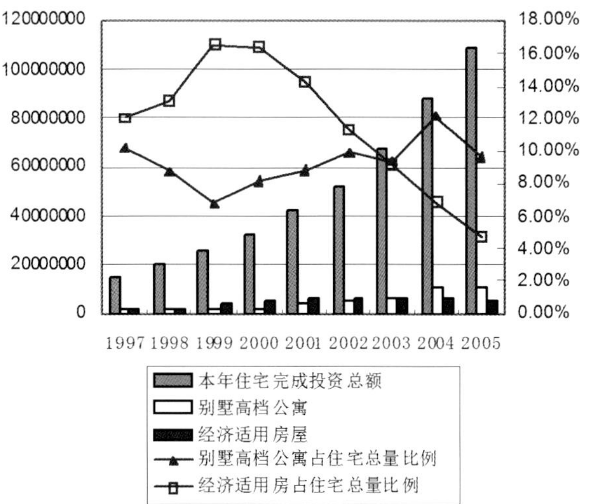

3.按用途分房地产开发企业(单位)投资完成额
数据来源：2006中国统计年鉴

三、影响住房政策制定的几个重要方面

1.地方政府的发展与GDP

房价的上升必然推动周边地价的上升，给地方政府带

来日益增多的额外收入。对于地方政府而言，土地出让一次性能收取40～70年的地租，所以从自身利益出发地方政府希望房价上升，从而获得更多的土地出让金及更大的土地支配权力。地方获得的土地出让金一部分用来弥补国家对城市公共基础设施财政拨款的不足，另一部分就变成一些地方盲目扩大城市建设规模和搞政绩工程、形象工程的主要资金。中央政府已经意识到巨额土地出让金成为缺乏监管的地方政府财政预算外收入的最主要来源，国务院办公厅于2006年底出台的《关于规范国有土地使用权出让收支管理的通知》规定，从2007年1月1日起，土地出让收支全额纳入地方基金预算管理，实行彻底的"收支两条线"，但这并不妨碍房价上涨给地方政府带来的益处。

更为重要的是，目前中央对地方政府的考核是以GDP政绩观为论。近几年来国务院一直要求控制固定资产投资规模，从统计年鉴公布的数据显示，我国自2004年起固定资产投资规模增长率平稳缓慢回落。但由于房地产业对地方建材、家居等上游、下游产业巨大的带动作用，以及能提高地方财政预算内的支柱性收入、拉动当地GDP等与政绩密切相关的作用，全国房地产投资额在2005年略有下降后，在2006年又强烈反弹(图3～4)。

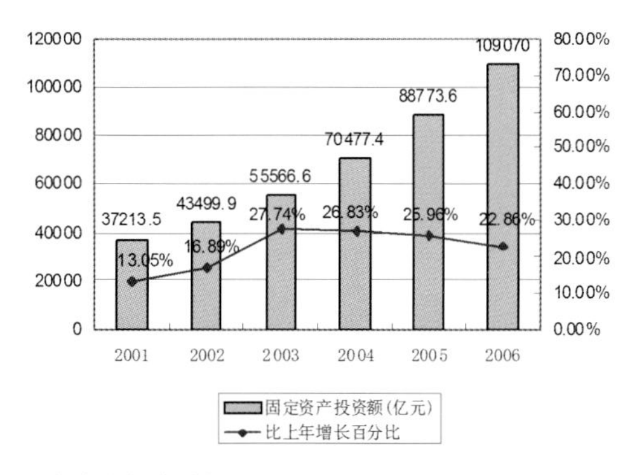

3.固定资产投资增长

数据来源：2006中国统计年鉴

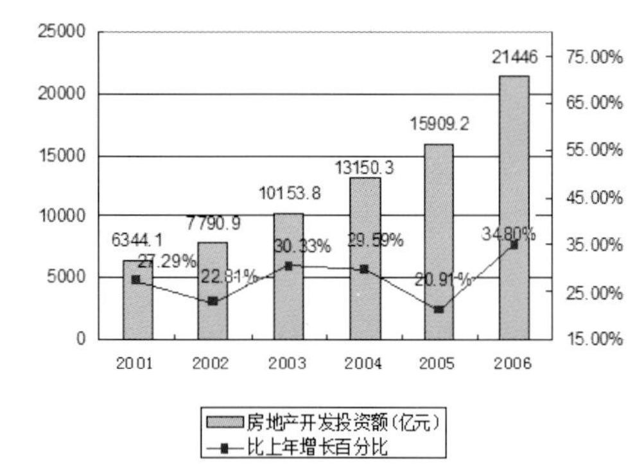

4.房地产投资增长

数据来源：2006中国统计年鉴

正因为地方政府有业绩要求，需要追求更多的公共资源进行分配，追求地方财政收入最大化，这就不是按市场经济的内在要求，而是按照税收最大化来组织和指导经济工作。尤其是房地产业繁多、混乱的税收增加了流通成本，进而可能被开发商将其转嫁到消费者身上，也为众多权力部门的寻租提供了可能。所以，从一定意义上说，当地政府从自身利益出发希望看到房价上涨，另外某些权力职能部门缺乏有效监管，也可能与开发商构成了一个利益共同体，而不会认真实施、执行国家抑制房价的政策措施，往往使得住房政策在地方政府执行环节失效。

2.住宅房地产投资来源

1998年是我国住房改革的一个里程碑，《国务院关于进一步深化城镇住房制度改革加快住房建设的通知》的出台，停止了我国近50年的政府执行的福利分房，取而代之的是货币分房。通知规定所有商业银行在所有城镇均可发放个人住房贷款，取消对个人住房贷款的规模限制，适当放宽个人住房贷款的贷款期限。商业银行对住房贷款的大力支持使得我国个人房贷有了长足发展，不少居民实现了提前住房的愿望，但同时也背上了沉重的还贷负担。据央行统计，到2005年一季度，中国居民个人住房贷款总额为16473亿元，相当于GDP的11.7%；房地产开发商贷款总额8177亿元，其中住房开发贷款4601亿元，流动资金贷款1605亿元，地产开发贷款1586亿元，商业用房开发贷款384亿元。2005年底房地产贷款余额30700亿元，在金融机构人民币各项贷款余额中占14.84%，相当于GDP的16.75%(图5)。

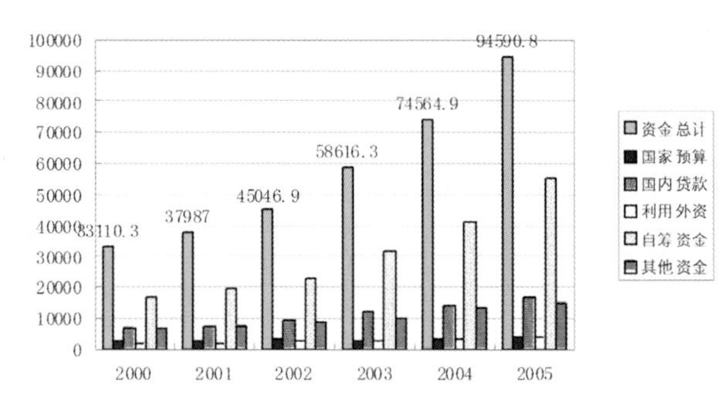

5.房地产投资来源

数据来源：2006中国统计年鉴

从图中可以看出，当时房地产开发企业资金主要来自3个部分：国内贷款、自筹资金和其他资金，其中利用外资的比例则很小。2003年，国内银行贷款占房地产开发企业资金的23.78%。2004年，在中央银行紧缩银根后，房地产企业资金中贷款比例下降为18.4%，2005年继续下降。在房地产企业资金中有一半左右来自于"其他资金"，其中绝大部分是住宅的销售定金和预售款，而这其中有30%来自于银行贷款。而自筹资金主要来自于商品房销售款，这其中大约有70%来自于银行贷款，也就是说房地产开发中使用银行贷款比例高达50%。

商业银行在房价不断攀升的的情况下通常是希望将资金贷给房地产投资者的。另外，在房价迅速上涨的时候，对于购买者来说以房产作担保贷款，银行发放的按揭贷款也越来越多，假如房价下跌的情况下贷款人无力还本付息，银行即使收回了抵押品也损失较大，这部分贷款就会变成不良贷款。从这个角度来看，各商业银行是不希望房价下降的。当前中国房地产企业的资产负债率高达70%以上，而他们的资金来源又集中于银行贷款，房地产公司一旦破产自然会威胁到银行的安全。因此国家在2006年5月由国务院发布《关于调整住房供应结构稳定住房价格意见的通知》中严格了房地产开发信贷条件："对项目资本金比例达不到35%等贷款条件的房地产企业，商业银行不得发放贷款；对空置3年以上的商品房，商业银行不得接受其作为贷款的抵押物。"此政策虽会对稳定银行安全和打击开发商利用银行贷款囤积土地和房源取得一定积极效果，但对已经贷出的巨额长期贷款却影响甚微。

3.住房供应结构体系的平衡

目前我国住房市场存在的根本问题是住房供应体系结构性失衡——从住房总量上来看，人均住宅面积持续上升，住宅面积总量也在不断增长，但是其中面向中低收入群体的廉租房和经济适用房的比例却逐年下降。中低收入居民的住房需求很难依靠住房市场供应量最多的普通商品房满足，由于高涨的房价远远超出他们的负担能力，他们只能望尘莫及。这种住房供需体系的结构性矛盾是我国城市住房问题的根源所在。

另外，具有社会保障性质的经济适用房和廉租房，应是政府住房福利政策的一部分，是政府弥补市场缺陷、保障社会公平所应履行的职责，应该由政府主导建设规划和融资开发，但政府却将其推向市场，导致经济适用房在进入市场后变味并引起一系列问题。政府应当严格把公共住房和市场商品房分开，真正通过公共住房解决中低收入人群尤其是低收入人群的住房问题。如果这部分人群的住房能够得到基本保障，那么商品房价格上涨也就不再可怕。国家试图通过"限房价"来达到抑制房价的目的，实则是一种舍本求末的做法。政府限价必然导致开发商降低房屋质量以降低成本，这不但增加了监管成本，还会扭曲价格体系，虽可能在短期内达到抑制房价的效果，但最终会导致其报复性上涨。

目前最新出台的《国务院关于解决城市低收入家庭住房困难的若干意见》中强调要"把解决城市低收入家庭住房困难作为维护群众利益的重要工作和住房制度改革的重要内容，作为政府公共服务的一项重要职责，加快建立健全以廉租住房制度为重点、多渠道解决城市低收入家庭住房困难的政策体系"，明确了解决低收入家庭住房的四条路径：廉租房、经济适用房、二手房和租赁房，并通过政府补贴逐步构建一个全面的居民住房保障体系，相比较前几次政策调控而言更切实地提出了解决低收入人群住房的具体措施。

四、我国住房政策展望

我国城市住房政策的制定将会是一项长远而艰巨的任务。解决中低收入人群住房问题，稳定房价，防止房地产泡沫，需要各级政府与各部门的通力合作。地方政府要改变唯GDP是首的发展观，加强对房地产业的监管；银行要加大自身监管力度，使其资产业务朝着多元化发展的方向迈进；政府需要倡导公平的竞争环境，反对行业垄断，对宏观调控措施也要不断完善，更重要的是要真正发挥其解决社会公平的义务，正确运用政府调控和市场机制两个手段来保证房地产市场的供需结构平衡。只有各级政府和规划建设、金融财政、社会保障等部门共同合作，我国的住宅房地产业才能和谐发展。

作者单位：清华大学建筑学院

北京旧城未改造住区的内卷化效应分析

——以白米斜街居住区为例

A Study on the Involution Effect in Traditional Housing Districts in Inner Beijing

Taking Bai Mi Xie Jie Housing District as An Example

夏 伟 彭剑波 *Xia Wei and Peng Jianbo*

[摘要] 北京旧城未改造住区的内卷化效应明显。这种内卷化特征不仅表现在物质环境上，而且表现在社会群体及住区文化上。本研究以白米斜街居住区为例对北京旧城未改造住区的内卷化效应进行了系统的剖析。

[关键词] 旧城、住区、内卷化

Abstract: *Clear evidences of involution effect can be traced in the traditional housing district in inner city of Beijing. The characteristics of the involution not only showed in the physical environment, but also on the social groups and community cultures. This study made a systemic analysis on the involution effect in these traditional districts in Beijing by taking Bai Mi Xie Jie area as the case study.*

Keywords: *inner city, housing district, involution*

一、引言

目前对旧城更新改造的分析大都仍停留在城市规划的技术性层面，争论旧城改造的技术方法，历史建筑如何分类保护，历史街区如何定义，这显然是落后于现实研究需要的。而在旧城空间重构和新社会结构形成的过程中，老百姓面临哪些问题？住区发生了什么样的变迁？假如我们能更有社会学的想象力，就会有更大的空间观察、分析和参与这场变革。

许多城市自身都快成为一个过去时代的废弃、残剩的遗址了，或者说，它们作为曾经被理性规划的没落区域，在改造中成为审美化的城市空间。而此时如果它们的老住户没能参与这个改造，则将被置入另一种话语中：都市贫困、内城衰颓、工业没落、毒品、有组织犯罪等。

笔者认为，北京旧城的空间重构与社会再造产生的效应，除了宏观上的侵入与接替、分化与区隔之外，还对微观住区产生了巨大的影响。除了已改造住区的绅士化效应之外，未改造住区的内卷化效应也非常显著。笔者在旧城选取了西城区白米斜街住区作为未改造住区的典型案例，从微观层面进行内卷化效应的考察。

二、内卷化的概念与内涵

"内卷化"（involution），英文原意为内卷、包缠、纠缠不清的事物，以及退化复旧等。此概念是由美国人类学家戈登・威泽(Alexander Golden Weiser)首先提出来的，后经美国人类学家格尔茨（Chifford Geertz）的再运用，使其在人类学界与社会学界广为知晓，成为一种描述社会文化发展迟缓现象的专用概念。[1]戈登・威泽的"内卷化"概念是指一种文化模式达到某种最终形态以后，既没有办法稳定下来，也没有办法使自己转变到新的形态，取而代之的是不断地在内部变得更加复杂，即系统在外部扩张条件受到严格约束的条件下，内部不断精细化和复杂化的过程。[2]

笔者借用"内卷化"这个概念来分析北京旧城未改造住区的发展与变迁，意在描述其一直以来停滞不前，无法实现自我升级的现象，具体表现在物质环境的衰败、社会群体的底层凝固化与贫困亚文化的产生这三大方面。

建国初期，北京旧城内共有房屋1700多万平方米，虽然绝大部分为平房，但其中危房只有80多万平方米，约占房屋总量的5%。而如今，因为多年以来失修失养，北京旧城中危房的比例已经由解放初期的5%上升到50%以上，并且院内违章建筑密集，人口密度居高不下，没有天然气管道，大多数用煤取暖，不少院落还在使用公共水龙头，电力线路老化严重。由此可见，北京旧城中未改造的住区面临衰败、没落、贫困的境地，内卷化效应明显，白米斜街住区就是其中的典型代表。

三、白米斜街住区概况

白米斜街居住区占地面积22500m²，位于西城区东北部，东临东城，西临什刹海。住区所辖范围东至地外大街，西至什刹海花园，北至前海南沿，南至地西大街。住区内共有简易楼4座、木质楼3座、120个楼门（院），常住居民723户，2092人。[3]

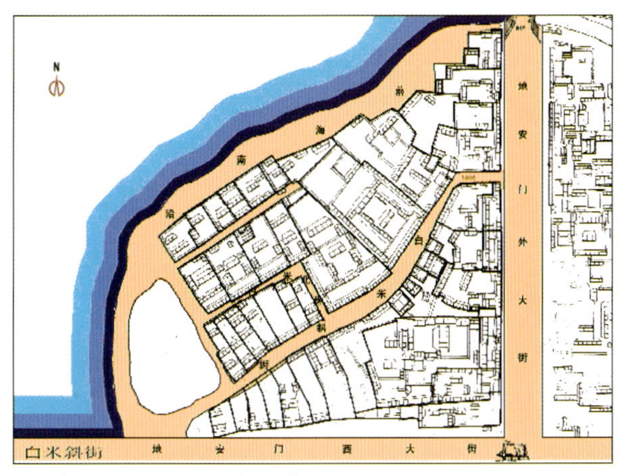

1.白米斜街住区历史街巷示意[4]

四、白米斜街住区内卷化特征分析

1.物质环境的内卷化

(1)传统院落肌理受到严重破坏

经过长时间的演变，白米斜街住区内的传统院落肌理已经遭到了严重破坏：院落密度变大了，数量从原来的40多个增加到100多个；院落尺度也因此变小了，由于搭建的增加，大型院落被分割成若干中、小院落；院落的差异性减弱了，形态趋同；部分院落空间甚至消失了，沿地安门外大街的商业院落由于商铺进深缩窄、密度加大，院落空间不复存在。[5]

(2)历史建筑风貌破坏严重

根据北京市规划设计研究院的调研，白米斜街住区内文物保护单位建筑面积仅占总建筑面积的3%，主要指张之洞故居。除此之外，分布的其他相当数量具有较高历史、艺术价值的建筑，如保留完整、建筑维护状况较好的传统四合院，传统结构完整、质量较好的民居等，仅占现状总建筑面积的25.3%。由于私搭乱建现象严重，白米斜街住区内对传统建筑的破坏与损毁不断加剧，非传统建筑已占现状总建筑面积的25.3%。

(3)建筑质量总体较差

根据北京市城市规划设计研究院2004年底的调查，白米斜街的建筑年代大都比较早，其中1949年以前的房屋占了一半左右，1949～1980年期间的建筑也占了相当大的比例。现状建筑质量总体较差，局部稍好；文物建筑较好，一般建筑较差；个人产权及独门独院住户较好，大杂院公房较差。

(4)搭建非常普遍

在白米斜街住区出现了大量临时搭建的房屋，其用于多种功能，但最主要的还是作为厨房和卧室使用，以满足日益增长的居住生活需求。在笔者2004年参与的对白米斜街住区居住情况调查所收集到的159间搭建房中，41%被作为厨房使用，38%被作为居室使用，11%为储藏室，6%为饭厅，4%为卫生间。

2.白米斜街住区现状搭建建筑分析[6]

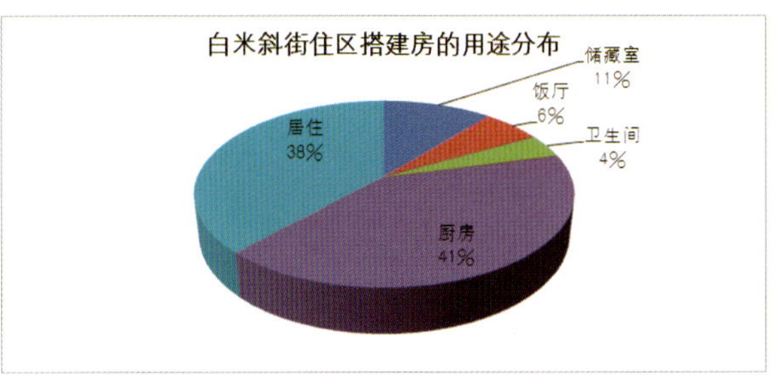

3.白米斜街住区搭建房的用途分布

(5)配套设施极差

在取暖设施方面，主要依靠烧煤炉(44%)和土暖气(48%)两种方式。仅有很少一部分人使用空调(2%)和电暖气(5%)，还有1%的居民家庭没有任何取暖设施。

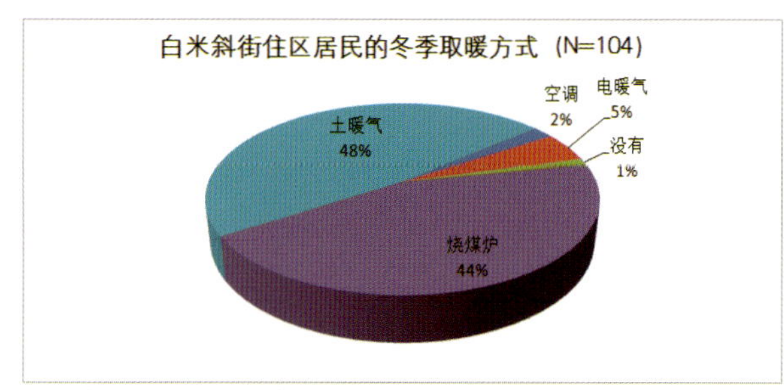

4.白米斜街住区居民的冬季取暖方式 (N=104)

在洗浴设施方面，拥有独立浴室的居民家庭比例非常低。大多使用公共浴室，占住区居民总体的54%。部分使用非独立浴室(27%)与简单淋浴(6%)，有的居民家庭甚至是去别人家洗澡(2%)。

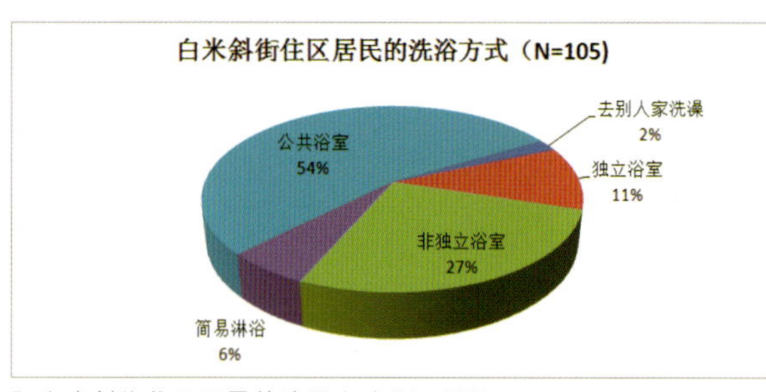

5.白米斜街住区居民的洗浴方式(N=105)

在卫生设施方面，自家独用的厕所非常少，只占住区居民家庭总体的6%。大多是院外公用厕所(59%)或院内(楼内)共用厕所(35%)。

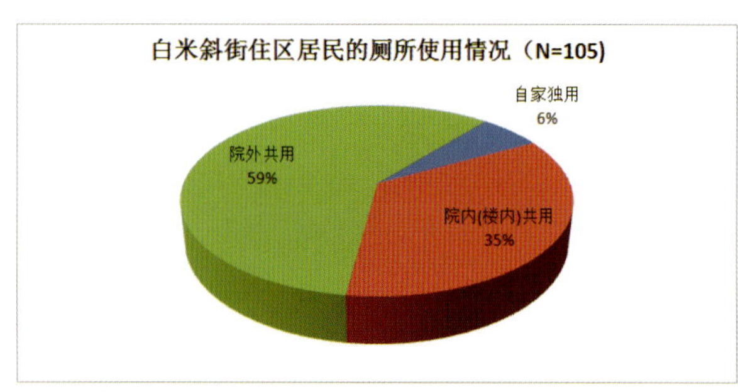

6.白米斜街住区居民的厕所使用情况(N=105)

在交通设施方面，住区内道路胡同除白米斜街平均宽度约为5～9m外，其他均较为狭窄。乐春坊胡同平均宽度为3～5m；白米北巷平均宽度为3～5m；马良胡同、扬俭胡同、帽局胡同的平均宽度均小于3m；另有几条零星分布的小胡同，多为死巷，不成体系。

在市政基础设施方面，白米斜街保护区的给排水、供电、通信及其他综合管线等市政基础设施大多比较陈旧，不能满足居民享受现代城市生活质量的需要。住区内房屋老化，各类建筑拥挤，人口密度较大，缺乏相应的防火间距和消防通道，存在着安全隐患。

(6)人口密度大

白米斜街住区现状户籍人口居住净密度约为9人/100m^2，为拥挤型街区，是旧城人口密度较高的地区。

(7)人均住房面积很小

总体来说，有超过一半(57.3%)居民家庭人均正式住房面积在8m^{2}以内。即使加上搭建的面积，也有35.9%的居民家庭人均正式住房面积在8m^{2}以内。远远低于北京市的平均水平(最新资料表明，北京市居民人均居住面积为18.7m^2)。

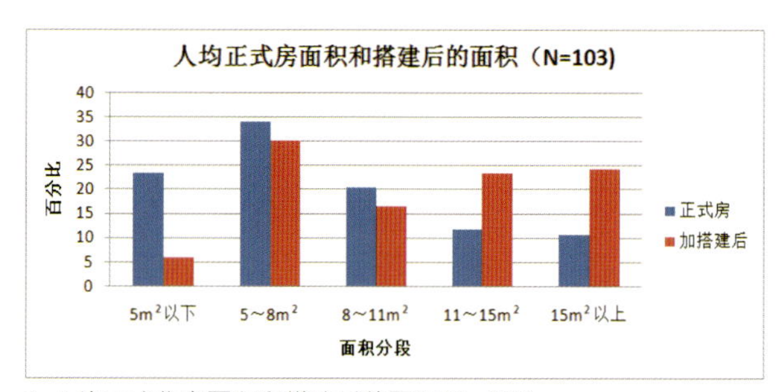

7.人均正式住房面积和搭建后的面积(N=103)

(8)住房困难普遍存在

根据笔者的调研，白米斜街住区居民的居住条件普遍比较困难，占总体的57.1%，其中有的家庭存在不只一种住房困难。根据调研，在白米斜街住区，有28.6%的家庭“住在非正式住房（搭建房）里”，有2.9%的家庭“12岁以上的子女与父母同住一室”，有11.4%的家庭“晚上架床白天拆”，有7.6%的家庭“老少三代同住一室”，有6.7%的家庭“已婚子女与父母同住一室”。

白米斜街住区居民家庭的住房困难情况　　表1

	住房困难的情况	回答数	%
1	12岁以上的子女与父母同住一室	22	21
2	老少三代同住一室	8	7.6
3	12岁以上的异性子女同住一室	3	2.9
4	有的床晚上架起白天拆掉	12	11.4
5	已婚子女与父母同住一室	7	6.7
6	住在非正式住房里	30	28.6
7	其他	5	4.8
8	没有以上困难情况	45	42.9

2.社会群体的内卷化

目前旧城未改造住区的人口与社会结构发生了很大的变迁，经济能力强的人群、年轻人纷纷从未改造住区中搬迁出来，剩下的居民大都社会经济实力比较低，社会群体的内卷化特征明显，具体表现为：居民中的低收入、低文化程度、失业、无产权、老龄者、老住户的比重日益增加，老龄化、底层化沉积效应日益凸显。

(1)居住年限大都较长

从入住年代来看，从1949年新中国成立到文革期间是保护区中住户大大增加、人口大量迁入的时期，也是街区和院落肌理发生变化的时期。2000年以后迁入的人口非常少，只占总体的2.9%。

换句话说，在居住年限上，居民家庭在当地的居住历史大都比较长，许多住在未改造居住区中的住户已是几十年甚至好几代的老住户。有64.8%的人是70年代及以前入住的，几代人在此长期居住。

白米斜街住区居民家庭的入住年代　表2

入住年代	频率	百分比	合法的万分比	累计百分比
清代	4	3.8	3.8	3.8
民国时期	8	7.6	7.6	11.4
1949年解放时	3	2.9	2.9	14.3
50年代	16	15.2	15.2	29.5
60年代	21	20.0	20.0	49.5
70年代	16	15.2	15.2	64.8
80年代	19	18.1	18.1	82.9
90年代	13	12.4	12.4	95.2
2000年后	3	2.9	2.9	98.1
不知道	2	1.9	1.9	100.0
总计	105	100.0	100.0	

(2)家庭户规模偏大

根据北京市城市规划设计研究院在2004年的调查数据显示，白米斜街住区内家庭人口规模主要集中在1～6人之间，每户平均3.15人，同期北京市户均人口数为3.1人。在样本总体中，有38.93%是三口之家，即所谓核心家庭，低于城区水平（43.8%），而五人及以上户占15.16%，高于城区水平的6.7%，说明三代或多代同居的家庭较多。

(3)老龄化程度高

白米斜街住区内60岁以上的老人560人，占住区总人口数的19.2%[7]，老龄化水平比较高。

(4)人户分离现象严重

在户籍上，以北京本地人为主，但人户分离的现象比较严重。住区中原有的经济状况较好的居民大都已经迁出，只是把户口还留在白米斜街住区，形成了人户分离的情况。

a.人在户不在：在笔者调查收集到的361个居民样本中，人在户在的比例为87.80%，还有12.20%的被调查者人在白米斜街住区，但户口在其他地方。

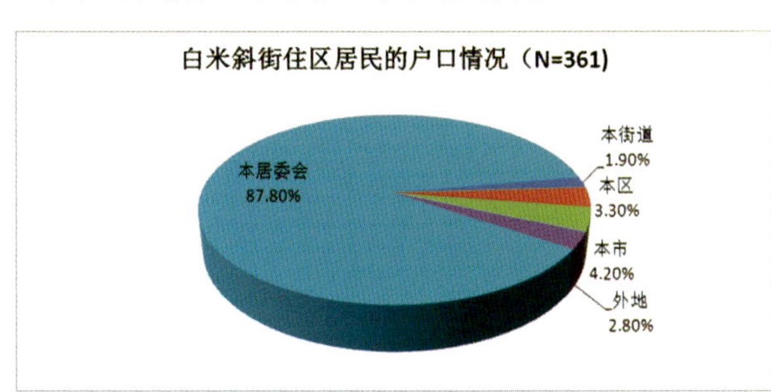

8.白米斜街住区居民的户口情况(N=361)

b.户在人不在：在笔者调查的105户家庭中，只有59户家庭不存在人户分离的情况，而有46户家庭存在不同程度的户在人不在的情况。其中有15户家庭是"有1位家庭成员户在人不在"，有16户家庭是"有2位家庭成员户在人不在"，有11户家庭是"有3位家庭成员户在人不在"，还有4户家庭是"有超过3位家庭成员户在人不在"。

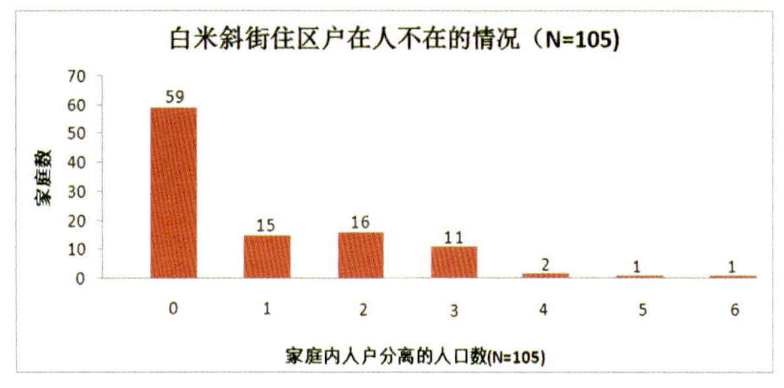

9.白米斜街住区户在人不在的情况(N=105)

(5)文化程度大都较低

在文化程度上以高中及以下文化程度为主，根据笔者在白米斜街住区的调查，高中及以下文化程度的人占了受访者的79.62%。只有1.00%的受访者文化程度在大学以上，远低于北京市居民的平均教育水平。

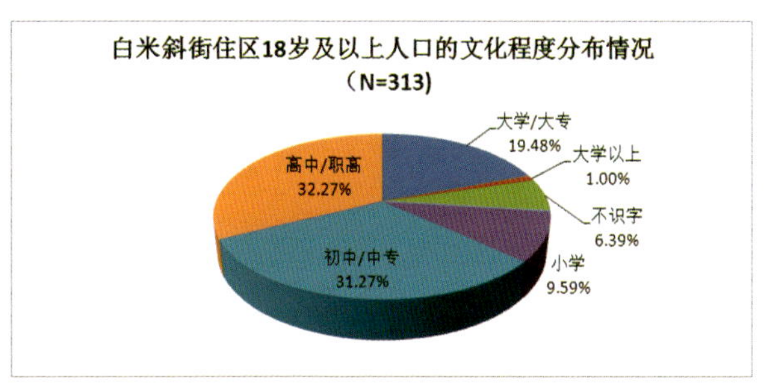

10.白米斜街住区18岁及以上人口的文化程度分布情况(N=313)

(6)以无业和失业居多

在工作状况上，大部分属于无业、失业或离退休状态。在白米斜街住区，只有35.00%的居民处于在职状态，其工作单位以国有企业、私营企业、事业单位为主。退离休、失业、无业、下岗/买断人员合起来超过了一半，达到了50.30%。

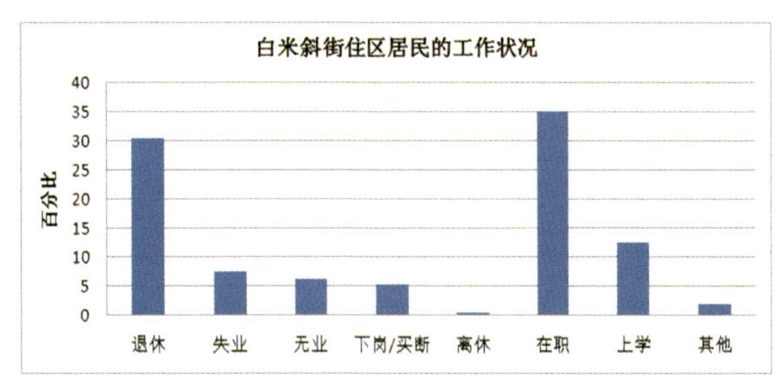

11.白米斜街住区居民的工作状况

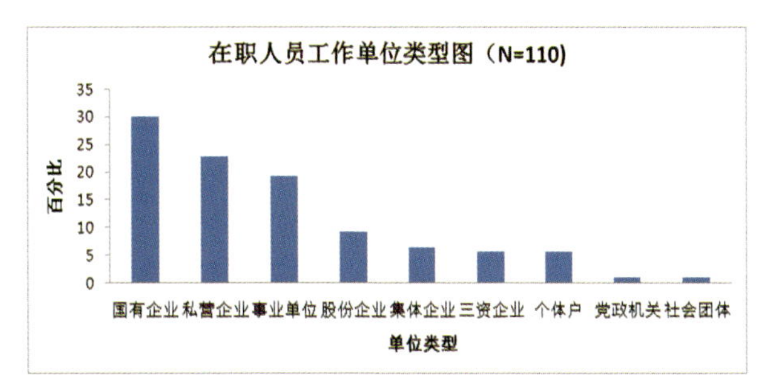

12.在职人员工作单位类型图(N=110)

在工作职位上，就业人员以普通职工工人为主，达到了75.90%。一般管理人员占8.30%，中层管理人员占6.50%，一般或初级技术人员占5.60%，中级技术人员占2.80%，担任单位负责人的只有0.90%。

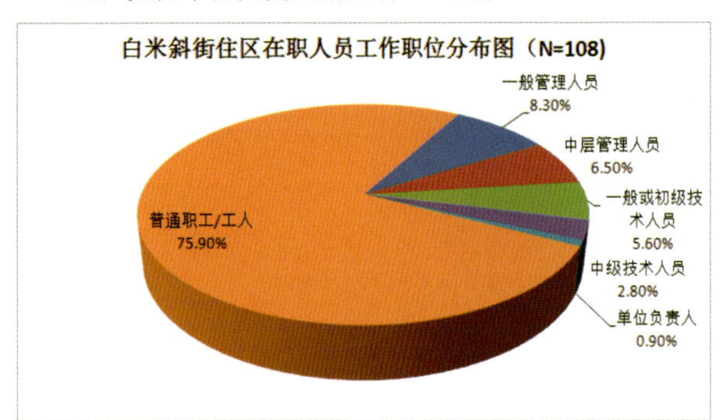

13.白米斜街住区在职人员工作职位分布图(N=108)

(7)收入水平普遍较低

居民收入大都比较微薄。以白米斜街住区为例，住区内有12.50%的家庭有1人以上正在领取低保维持生活，有30.5%的家庭人均月收入在500元以下，有40%的家庭人均月收入在500～1000元，有26.7%的家庭人均月收入在1000～2000元，只有2.90%的家庭人均月收入在2000元以上。

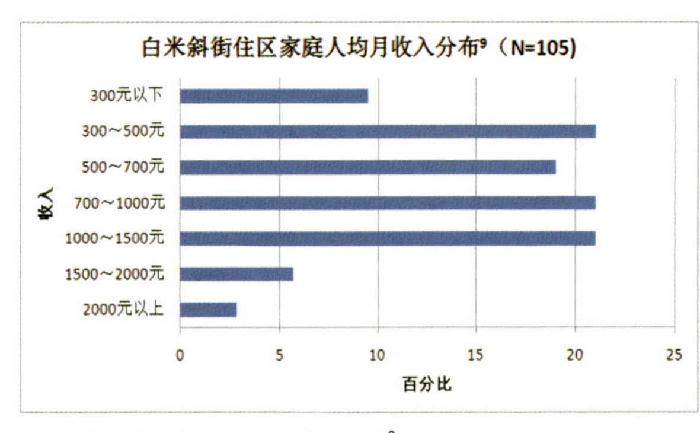

14.白米斜街区家庭人均月收入分布[8](N=105)

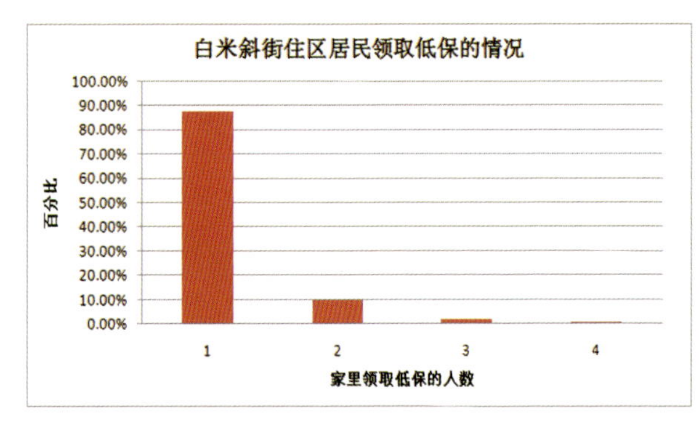

15.白米斜街住区居民领取低保的情况

另外从家庭耐用消费品的拥有率也反映出该地区的居民收入水平普遍较低。拥有计算机的比例为44.8%，而汽车的占有比例仅为5.7%。

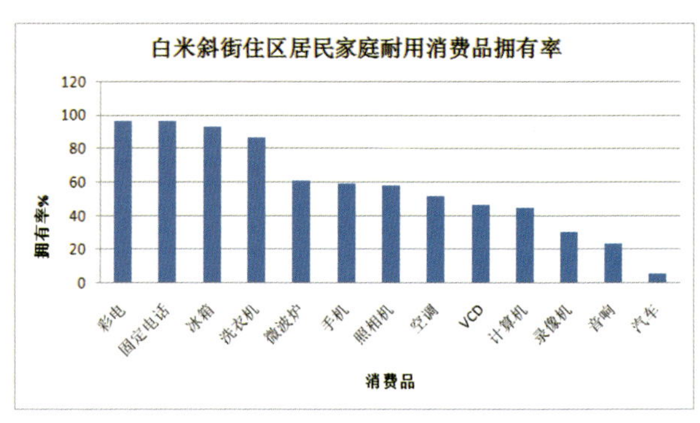

16.白米斜街住区居民家庭耐用消费品拥有率

(8)大都属于"无产"阶层

房屋的产权以直管公房为主，部分是单位产、私产，还有一部分属于标准租私房、自建房、公房转租等形式。大部分居民属于"无产"阶层。

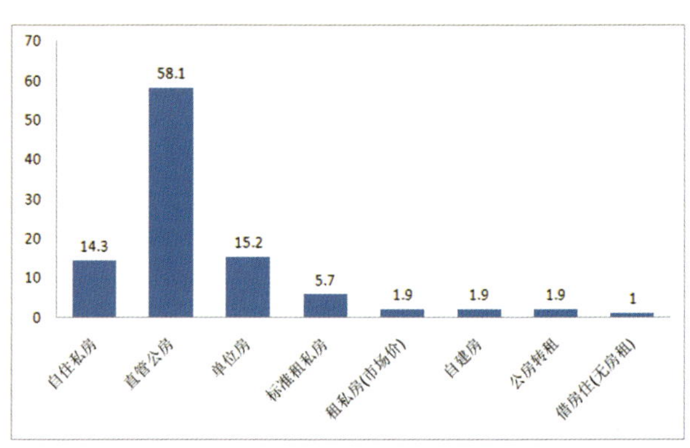

17.白米斜街住区房屋的产权情况

3.文化的内卷化

因为未改造住区的社会底层群体的凝固化，住区文化也呈现内卷化特征。

由于未改造住区居住的大都是社会经济地位很低的贫困群体，这种底层群体的聚集居住方式促进了贫困者之间的集体互动，并与其他社会群体相对隔离开来，天长日久便形成了一种脱离社会主流文化的贫困亚文化，如保守、封闭、志短、懒散、缺乏进取心、缺乏意志力等。这种亚文化形成之后，将一代代传递下去。贫困者的孩子在生活中长期受其熏陶，会自然而然地习得贫困文化，因而他们很难改变自己的生活方式，即使遇到摆脱贫困的机会也很难利用其走出贫困。

五、结论

通过上述典型住区案例的剖析，我们可以发现北京旧城空间重构与社会再造后未改造住区的内卷化效应明显，其特征在物质环境、社会群体、住区文化上都有体现。

针对未改造住区的上述内卷化效应，迫切需要加大政府投入，加快这些住区的基础设施改造，提高居民的居住品质，加大就业培训力度以帮助他们摆脱失业状态，更好地解决生活问题，以遏制贫民窟的蔓延，促进旧城的再生与复兴。

参考文献

[1] Edward W .Soja. 后大都市——城市和区域的批判性研究. 李钧等译. 包亚明主编. 上海教育出版社, 2006

[2] Geertz. Agricultural Involution: The Process of Ecological Change in Indonesia, Berkeley, CA: University of California Press.

[3] 北京市城市规划设计研究院. 白米斜街保护区调研报告, 2005

[4] 甘满堂. 社会学的"内卷化"理论与城市农民工问题[J]. 福州大学学报(哲学社会科学版), 2005(1)

[5] 黄宗智. 发展还是内卷?十八世纪英国与中国——评彭慕兰《大分岔:欧洲、中国及现代世界经济的发展》[J]. 历史研究, 2002(4)

[6] 刘剑刚, 宋晓龙. 白米斜街保护区居民生活状况调查与分析[J]. 北京规划建设, 2006(3)

[7] 刘世定, 邱泽奇. "内卷化"概念辨析[J]. 社会学研究, 2004(5)

[8] 吕海虹, 宋晓龙, 赵晔. 什刹海白米斜街地区保护规划[J]. 北京规划建设, 2007(1)

[9] 清华大学课题组. 白米斜街居民生活状况调研报告. 2005

[10] 什刹海历史文化保护区白米斜街地区保护规划实施导则研究[J]. 北京规划建设, 2006(5)

注释

1. 甘满堂. 社会学的"内卷化"理论与城市农民工问题[J]. 福州大学学报(哲学社会科学版), 2005(1)

2. 刘世定, 邱泽奇. "内卷化"概念辨析[J]. 社会学研究, 2004(5)

3. 北京市城市规划设计研究院. 白米斜街调研报告, 2005

4. 北京市城市规划设计研究院. 白米斜街调研报告, 2005

5. 北京市城市规划设计研究院. 白米斜街调研报告, 2005

6. 北京市城市规划设计研究院. 白米斜街调研报告, 2005

7. 北京市城市规划设计研究院. 白米斜街调研报告, 2005

8. 说明：每个分段范围包括其下限，而不包括上限。

作者单位：清华大学建筑学院

"全功能住宅"
——对中小套型住宅设计的思考
"Full-Functional Housing"
On Medium and Small-Size Housing Design

方案获2006年北京市中小套型住宅设计竞赛一等奖

方案设计人员：魏 维 郑 军 聂 铭 吕常青 郝 学

设计指导：刘燕辉 刘东卫 林建平 何建清

魏 维 刘燕辉 何建清 *Wei Wei, Liu Yanhui and He Jianqing*

[摘要]文章通过对中小套型住宅设计竞赛方案的介绍，提出灵活适应性和成套技术集成的设计方法。设计方案通过对居住者家庭组成结构及其所需的功能进行分析，结合北京地区的地域特点，将住宅套型各功能空间整合，厨卫设备、管线设备集成，以提高功能空间的利用效率和居住的舒适度。

[关键词]中小套型住宅、灵活适应、技术集成

Abstract: *The article introduces the small and medium-sized unit type of housing design competition. By analyzing the family structure and function needs. Combination the regional characteristics of Beijing. Through the design of the function space for dwelling size of residential integration, kitchen equipment, pipeline equipment integration, in order to improve the function of the space utilization efficiency and comfortable of living.*

Keywords: *small and medium-sized unit type of housing, flexibility and adaptation, technology integration*

在中国社会结构转型、城市化进程加速及住宅建设可持续发展等宏观背景下，2006年5月，建设部等六部委联合制订了《关于调整住房供应结构稳定住房价格的意见》（简称"国六条"）。"国六条"的提出，目的是调整住房供应结构，促进住宅建设稳步健康发展。2007年8月发布的《国务院关于解决城市低收入家庭住房困难的若干意见》（国发[2007]24号文），又明确了加快建立健全以廉租住房制度为重点、多渠道解决城市低收入家庭住房困难的政策体系。2008年11月，在国务院扩大内需、促进增长的十项措施中，"加快建设保障性安居工程"位列首位。今后3年，全国将新建200万套廉租房和400万套经济适用房，通过9000亿元住房保障投资，解决约1300万户低收入家庭的住房困难问题。

在这样的背景下，中小套型住宅设计的研究是非常有意义的。当前的中小套型住宅，其各部分面积设置不应是大套型各功能空间的缩减，而应结合现代人的生活方式和现代科技成果，探讨新的居住模式和新的居住环境。21世纪的中小套型住宅，应具有居住的舒适性与布局的灵活适应性，建造则符合标准化、产业化和省地节能的要求，以满足居住者的居住需求。

为此，我们在对北京地区既有住宅使用情况调查分析的基础上，提出符合中小套型住宅的设计方法，即住宅"瘦身"计划——减面积不减功能，减面积适当舒适。通过对"国六条"提出前既有大户型的分析(图1)，有效减少辅助功能空间，结合居住者的使用需求，设计出合理的

住宅“瘦身”计划

——减面积不减功能

——减面积适当舒适

市场常见的140m^2套型

住宅功能面积比较分析

功能名称	新政前140M²套型基本功能面积	新政后90M²套型基本功能面积	比较分析
起居室	9.25M²	9.25M²	没有改变
餐厅	4.62M²	2.72M²	减少1.90M²
主卧室	6.25M²	6.25M²	没有改变
次卧室	6.25M²	4.41M²	减少1.84M²
客房	6.25M²	6.25M²	没有改变
卫生间	12.12M²	5.42M²	减少6.70M²
厨房	7.21M²	5.29M²	减少1.92M²
储藏	3.93M²	4.32M²	增加0.39M²
基本功能	56.74M²	44.77M²	减少12.57M²
辅助功能	64.36M²	28.27M²	减少36.09M²
使用面积	131.48M²	77.66M²	减少53.82M²

通过对新政前既有大户型的分析，有效减少辅助功能空间，结合人的使用需求，创造出合理的空间组合。如“半间房”、“一间半”卫生间等。

图例 基本功能空间

辅助功能空间

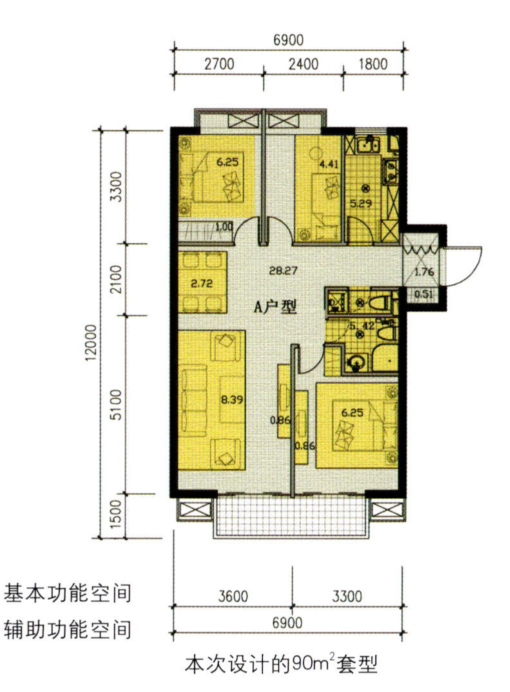

本次设计的90m^2套型

1.住宅功能面积比较分析

空间组合是这次方案设计的目标。

设计方案从灵活适应性、标准化和技术集成等几个方面来探讨全功能空间的中小套型住宅户型，以解决套型面积较小的情况下，居住者多元化和家庭居住生命周期不同阶段的需求；在功能空间组织方面通过对交通空间、起居空间、厨卫空间、储藏空间等进行整合，以提高居住舒适度和空间利用效率；同时应用节能技术、太阳能技术和设备集成技术，提高住宅质量，以达到节约资源、减少环境负荷的目的。

一、灵活适应性

随着时代的变迁，居住者的居住方式、家庭结构也在变化，在住宅设计方面表现为功能空间的多元化和精细化。中小套型住宅如何在有限的面积范围内，满足现代居住功能的需求，是这次设计所考虑的一个主要问题。户型设计的灵活可变便是对应这种情况的一种设计途径。

1.灵活可变的居住单元组合

为适应居住区规划设计中不同的用地和居住组团空间组合的变化，套型设计采用固定的公共交通空间，将A、B、C三种标准平面的户型，通过不同的拼接组合方式，灵活地变化住宅单元的面宽（图2），从而使标准化的套型平面，也能组合出丰富多样的居住组团空间，避免了规划设计中出现单一的空间形式。同时，标准化的套型设计也便于建立统一的标准化体系。

通过对面宽、进深合理性的比较分析，我们认为，从节地节能的角度考虑，北京地区的住宅进深不宜小于12m。在分析各功能空间使用需求和人体工学合理尺度的基础上，在进深12m不变的条件下，套型面宽在6m～6.9m的范围内，利于户内空间自由分隔出方便合理使用的房间，即三居室套内使用面积范围在72～76m^2，二居室使用面积范围为59～63m^2。

2.灵活可变的套型设计

为满足不同家庭模式和家庭居住生命周期的变化，按照适应不同生活方式与价值观多样化需求的设计方法，在研究分析我国家庭结构组成比例和不同家庭负担的一般功能的基础上（表1～3），设计出平面布置紧凑合理、空间尺度均好适宜、适应不同家庭模式及其变化的灵活适应型住宅（图3）。

依据2000年人口普查数据　　表1

家庭结构	组成比例
一般核心	47.25%
三代直系	16.63%
夫妻核心	12.93%
单人家庭	8.57%
缺损核心	6.35%
二代直系	2.73%
隔代直系	2.09%
扩大核心	1.62%
残缺家庭	0.73%
三代复合	0.44%
二代复合	0.13%

A户型适应人群：夫妻核心、一般核心、两代直系、三代

家庭负担的一般功能

表2

套型	家庭结构	居住舒适	性与教育	子女教育	赡养老人	情感交流	工作学习娱乐
一室户	单人家庭	●					●
	夫妻核心	●	●			●	●
两室户	夫妻核心	●	●			●	●
	缺损核心	●		●		●	●
	残缺核心	●				●	●
	一般核心	●	●	●	●	●	●
	二代直系	●	●		●	●	●
	隔代直系	●				●	●
三室户	一般核心	●	●	●	●	●	●
	扩大核心	●			●	●	●
	二代直系	●	●	●	●	●	●
	三代直系	●	●	●	●	●	●
	二代复合	●	●	●	●	●	●
	三代复合	●	●	●	●	●	●

表3

家庭结构		居住人群	套型			
			1LDK	2LDK	3LDK	4LDK
核心家庭	夫妇核心		●			
	一般核心	夫妇＋儿子		●		
		夫妇＋女儿		●		
	缺损核心	父亲＋儿子	●			
		父亲＋女儿		●		
		母亲＋儿子		●		
		母亲＋女子	●			
	扩大核心	夫妇＋儿子＋兄		●		
		夫妇＋儿子＋妹			●	
		夫妇＋女儿＋兄			●	
		夫妇＋女儿＋妹		●		
直系家庭	二代直系	夫妇＋儿子儿媳		●		
	三代直系	夫妇＋儿子儿媳＋孙子女(婴儿)		●		
		夫妇＋儿子儿媳＋孙子女(幼儿)			●	
	四代直系	夫妇＋父母＋儿子儿媳＋孙子女(婴儿)			●	
		夫妇＋父母＋儿子儿媳＋孙子女(幼儿)				●
		夫妇＋父母＋祖父母＋曾祖父母				●
	隔代直系	夫妇＋孙子女		●		
		夫妇＋祖父母		●		
复合家庭	三代复合	夫妇＋2儿子儿媳＋孙子女				●
	二代复合	夫妇＋儿子儿媳＋已婚兄弟＋子侄				●
单人家庭			●			
残缺家庭		兄＋兄(姐＋妹)	●			
		兄＋妹		●		
		兄＋兄(姐＋妹)＋其他		●		
		兄＋妹＋其他			●	

注：按照家庭结构最基本需求划分；家庭结构分类参照《当代中国家庭结构变动分析》

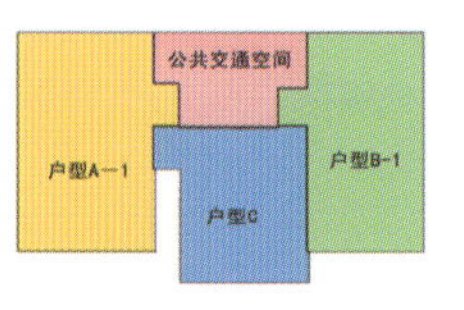

	套内使用面积	套型建筑面积
户型A-1	77.66	89.59
户型B-1	67.65	78.02
户型C	52.37	60.04

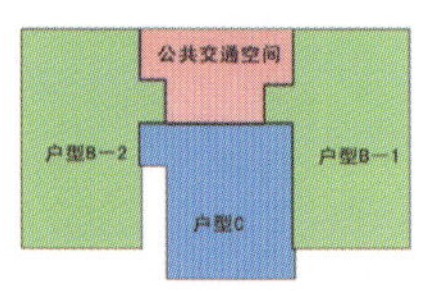

	套内使用面积	套型建筑面积
户型A-1	67.94	77.72
户型B-1	67.65	78.55
户型C	52.37	60.81

公共交通空间

户型A—1 户型A—2 户型C

	套内使用面积	套型建筑面积
户型A-1	77.66	89.01
户型A-2	77.37	88.67
户型C	52.37	60.02

2

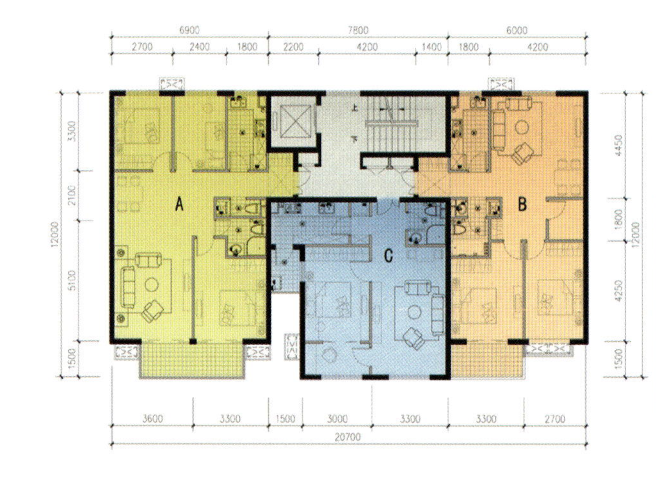

标准层技术经济指标

标准层总建筑面积	227．98 m²
标准层总使用面积	197．68 m²
标准层使用面积系数	86.70%
标准层交通面积	30．3 m²
体型系数	0.28

各功能空间面积配比

功能空间	户型A (m²)	户型B (m²)	户型C (m²)
卧室一	13.58	12.17	15.25
卧室二	8.11	10.53	
卧室三	7.33		
客厅＋餐厅	22.06	17.41	17.28
厨房	5.1	5.1	5.64
卫生间	4.13	4.13	4.32
门厅	2.33	2.41	3.69
走道	4.31	5.83	
储藏	2.69	2.69	
阳台	6.3	4.41	2.45

3

2.不同户型组合方式

3.标准层平面

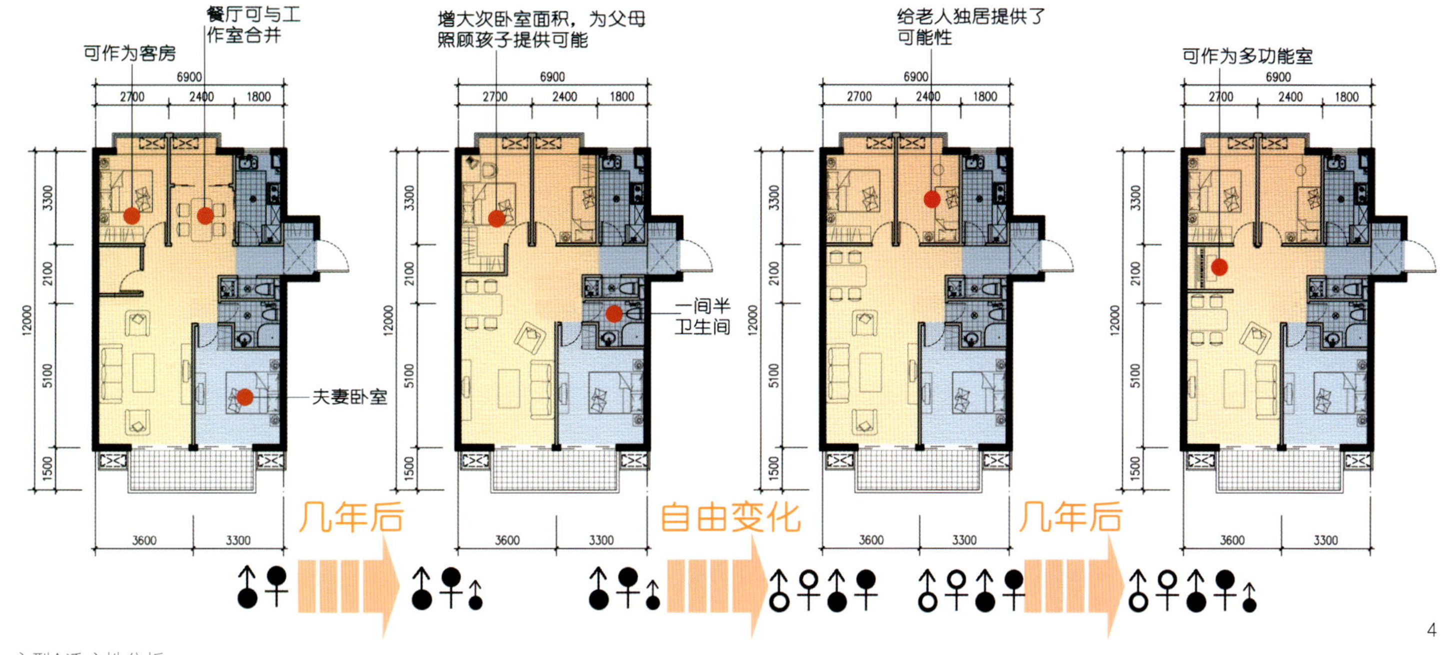

4

4. 户型A适应性分析

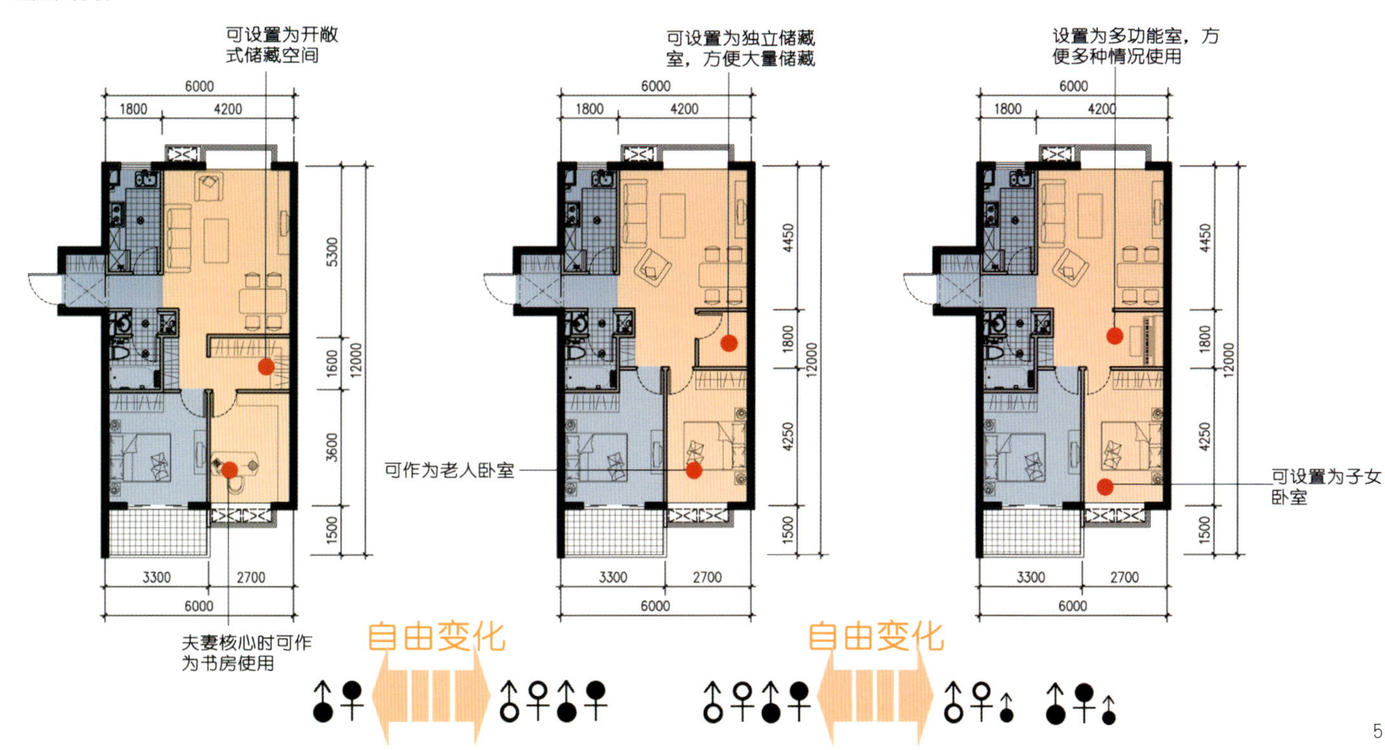

5

5. 户型B适应性分析

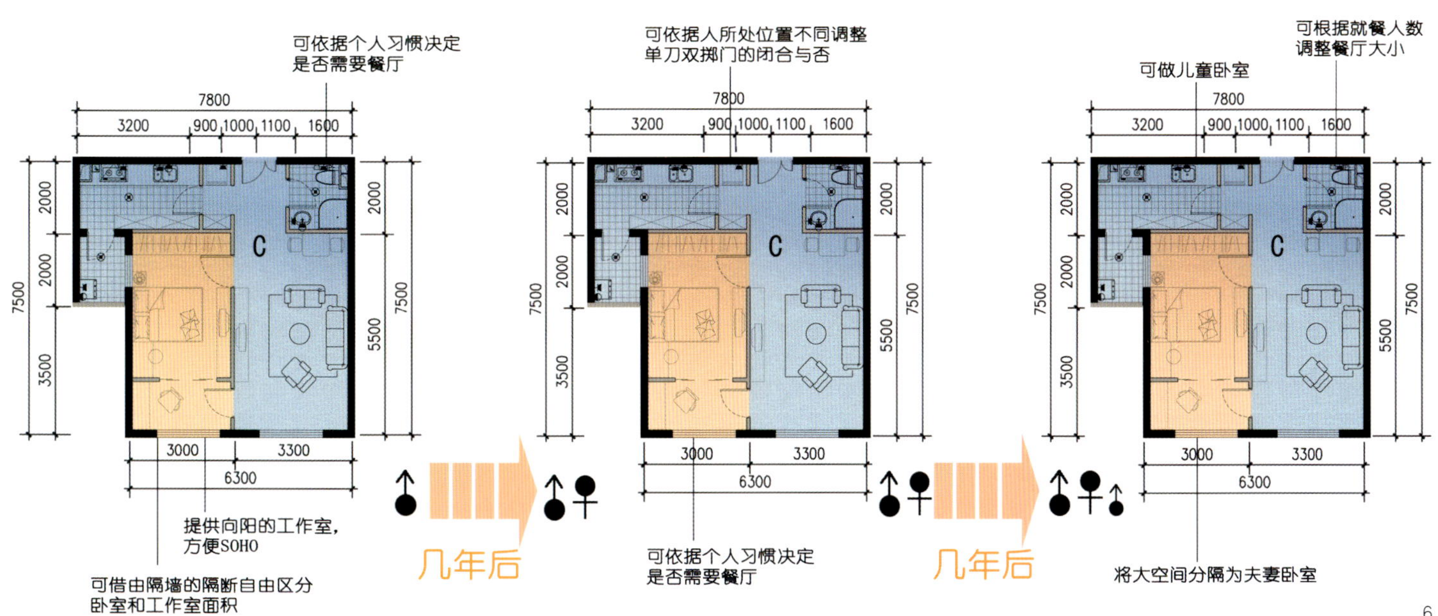

6

6. 户型C适应性分析

直系等(图4)；B户型适应人群：夫妻核心、一般核心、两代直系(图5)；C户型适应人群：单人家庭、夫妻核心、一般核心(图6)。我们通过对家庭结构的分析，考虑住户再分隔的需求，将住宅结构设计为大开间的基本平面空间，户内无承重墙，为住宅内部提供了灵活可变的空间，使室内具有可再调整的灵活性。多用途的〝半间房〞局部灵活空间，〝一室半〞卫生间的设计，均增加了不同功能的空间数量，从而使住宅套型与生活方式相适应。

二、成套技术集成

为促进住宅建设标准化和产业化，我们采用模块化设计方法，住宅平面组合采用基本间定型。将管线集中布置，设置管束、管井和管道墙，整合各套型的用水空间，设定系列的厨房卫生间单元和整体部品，以提高住宅工业化程度，从而实现一次性装修到位，解决住宅设备管线安装和维护困难的问题(图7)。

1.设置公共管线区。给排水、热力管线整合布置于单元交通连廊内的公共管井，由共用的压力管道和分户水平管道两部分组成，采用竖墙管井和水平管道层的做法，方便安装、共享使用及检修维护。

2.设置水平管线区。提高管线设计、安装、生产的标准化程度，便于厨卫设备与管线接口的衔接，便于管线维修、管理和更换。

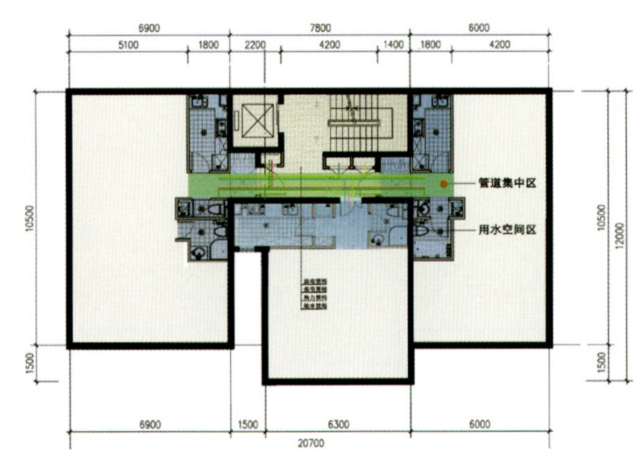

7.厨卫及管井管线体系

3.电井集中布置，户内预留电线槽。强、弱电整合布置于电梯旁管井，通过连廊吊顶入户，分户墙中预留电线槽，方便户内拉接，为一次性装修到位及空间的灵活分隔提供条件。

4.厨卫部件整体化。厨房采用标准化设计，按照模数化的原则，确定定型设计，考虑电器设备的配置和插座位置。卫生间也采用标准化设计，按照模数协调的原则，优化参数，设置排烟管道。卫生间内部器具采用同一规格标准，进行多样化设计，防水、防渗、防漏，安装快捷。

三、结语

研究中小套型住宅的设计，不仅要从住宅户型设计的角度出发，还应从规划设计层面考虑社区的配套设施和公共交往空间等问题。70%的套型面积是90m^{2}以下的户型，意味着在同样的用地条件下，居住总户数的增加。

笔者根据国家住宅与居住环境工程技术研究中心2003～2004年进行的我国城镇住宅实态调查结果，对〝国六条〞实施后，按照《城市居住区规划设计规范》居住区需增加的配套设施作了粗略计算。结果显示：〝国六条〞实施前调查样本的套内平均居住人口2.84人，总平均面积111.11m^2，90m^{2}以下的户型占总样本数的37.5%，90m^{2}以上户型占总样本数的62.5%。假设新政实施后总平均面积为90m^2，在调查样本总建筑面积不变的前提下，则可以推算出(表4)：〝国六条〞实施后，总户数增加90户，总人口增加255人，即23.43%；按照配套设施千人指标来计算，配套设施也要相应地增加；以组团级指标计算，应增加的配套设施用地面积为249～541m^2(表5)，停车位45～90个。

〝国六条〞实施前后对比　　表4

	〝国六条〞实施前		〝国六条〞实施后	
	小于90m^2	大于90m^2	小于90m^2	大于90m^2
百分比	37.50%	62.50%	70%	30%
户数	144	239	331	142
总户数	383		473	
总人口	1088		1343	

公共服务设施对比指标(m^2)　　表5

		"国六条"实施前		"国六条"实施后		差值	
		组团		组团			
		建筑面积	用地面积	建筑面积	用地面积	建筑面积	用地面积
总指标		393～931 (765～1475)	530～1151 (944～1716)	486～1149 (944～1821)	655～1421 (1166～2119)	93～218 (179～346)	125～270 (222～403)
其中	教育	174～435	326～544	215～537	403～672	41～102	77～128
	医疗卫生(含医院)	7～22	13～44	8～27	16～54	1～5	3～10
	文体	20～26	44～65	24～32	54～81	4～6	10～16
	商业服务	163～403	109～435	201～497	134～537	38～94	25～102
	社区服务	21～35	17～30	26～43	21～38	5～8	4～8
	市政公用 (含居民存车处)	10～11 (381～470)	22～33 (435～598)	12～13 (470～685)	27～40 (537～739)	2～3 (89～130)	5～7 (102～141)

注：以调查样本为参照值

因此，如何在居住区规划设计上，完善公共配套设施、增加公共交往空间、增加停车位等方面提高居住的环境和品质，而又避免公共配套设施在区域范围内重复建设所造成的资源浪费，是需要妥善处理的问题。用地范围、容积率、规划限高等规划指标的合理界定，可以从规划上保障中小套型住宅为主的居住区居民住得更好。

参考文献

[1]何建清.我国城镇住宅实态调查结果及住宅套型分析.住区,2006(3)：10

[2]国家住宅与居住环境工程技术研究中心.2003～2004年城镇居民住宅实态调查,2004

[3]城市居住区规划设计规范(2002年版),GB50180—93

[4]住宅设计规范. GB50096—2003

[5]住宅建筑规范. GB50368—2005

[6]王跃生.当代中国家庭结构变动分析.中国社会科学,2006(1)

作者单位：国家住宅与居住环境工程技术研究中心

“城市农业化革命”的实践——专题研讨会

Practice of “Urban Agriculture Revolution”——A Special Seminar

与会专家：

- 深圳市建筑设计研究总院有限公司董事长、总建筑师孟建民
- 深圳综合开发研究院旅游与地产研究中心主任宋丁
- 深圳市华森建筑与工程设计顾问有限公司总建筑师王晓东
- 城脉建筑设计（深圳）有限公司总裁毛晓冰
- 深圳大学建筑与城市规划学院副院长艾志刚
- 深圳市中汇建筑设计事务所董事长张中增
- 美国局内设计咨询有限公司主持张之杨
- 珠海市金碧房地产开发有限公司董事、总经理高伟

2008年12月21日，在珠海市金碧房地产公司的“金碧丽江·西海岸花园”项目现场，深圳市建筑设计研究总院与《住区》杂志共同发起了“城市农业化革命的实践”专题研讨会。

深圳一批资深的有影响的专家和企业领导，参加了本次专题研讨会。他们是：深圳市建筑设计研究总院有限公司董事长、总建筑师孟建民，深圳综合开发研究院旅游与地产研究中心主任宋丁，深圳市华森建筑与工程设计顾问有限公司总建筑师王晓东，城脉建筑设计（深圳）有限公司总裁毛晓冰，深圳大学建筑与城市规划学院副院长艾志刚，深圳市中汇建筑设计事务所董事长张中增，美国局内设计咨询有限公司主持张之杨与珠海市金碧房地产开发有限公司董事、总经理高伟。

在国家提出“工业反哺农业、城市支持农村”的发展战略之际，深圳市建筑设计研究总院院长、总建筑师孟建民提出观点：把农业恰当地引入城市，推进“城市农业化”。这一理论课题，在打破“城乡二元结构”、实现城乡协调发展的潮流下，契合了当今经济、社会发展趋势。而“金碧丽江·西海岸花园”以敢为人先的勇气对孟建民先生的理论课题做了一次探索性的实践！

与会者对“城市农业化革命”的理论课题以及实践探索展开了多层面的讨论，同时也对具体过程中可能遇到的问题，如产权、投入、产出、收益分成、管理、相关政策等问题进行了探讨。最后，专题会在热烈的讨论中圆满结束，但由其引发的思考却在延续。

下面让我们回到专题会的现场：

主持人：我们这次专题研讨会并非场面宏大，但的确层次很高。我们讨论的主题“城市农业化革命”不是一个常规的话题，而是中国城市化进程中一个崭新的命题，是对“城乡一体化”的国家战略从另一视角的革新诠释。

我们知道，在中国如火如荼的城市化进程中，一直发展农村城市化的道路，即城市不断向农村扩张。如今，这种增长模式已遇到了瓶颈，我们该如何走另外一条城乡共同发展的道路？深圳市建筑设计研究总院院长、总建筑师孟建民的“城市农业化革命”的观点也许正是这个问题的解答。

孟建民：首先，我非常感谢深圳的一批资深而有影响的专家和老总，今天来参加这个专题座谈会。这是一个学术的研讨会，同时也是一次业内的聚会，旨在互相交流、分享各自的观点和见识。

今年11月我在《中国建设报》发表了“城市农业化革命”的观点，我希望把城市里面各个闲置的空间利用起来，开发一些以后能产生价值的农作物。现在仅仅是屋顶绿化，只是投入，并不产生价值。全国有将近1000万亩的屋顶面积可以利用，是很大的潜在空间资源。

以上我简单地谈了自己的思想，下面先请金碧丽江项目的高总谈谈。

高伟：首先感谢各位专家的光临。我们这个金碧丽江的项目并没有从孟院长所提的方面着手，而是将居住与农业结合起来，因为项目周边是农业用地，想由此探讨一种健康的生活模式。但看了孟院长的文章以后，我觉得我们的路还是比较长。非常欢迎大家来我们这个项目指导，给我们一些意见，以便我们继续往后发展。

宋丁：对于“城市农业化”，我想做一些个人的阐释。随着国家“城乡一体化”与“农村城镇化”的发展，大量农民要进入城市，城市压力很大，同时农村压力也很大，这个都是双向的。

孟院长现在讲的是一个产业问题。再往深挖的话，“二元结构”是造成中国重大经济问题的根本原因。其解决可以为我们下一步农村城市化的发展提供一个很好的路子，我觉得“城市农业化”是一个很好的思路，其可以大幅度降低我们城市化的战略行动。我们理解的城市的概念基本上是所谓的“城市绿地为主导的生态系统”，农村城市化与其结合起来，则会产生巨大的城市成本。可能城市农业化会另立一个系统，所有被我们城市忽略的角落——不一定是屋顶、墙壁，都可以让农业进入，并生产和加工出东西。从而令城市绿化费用减少一点，还可以有产出，同时也不忽略它的景观功能，让都市人在里面看得赏心悦目。

虽然我们现在还看不到城市农业化对提升城市的面貌和内在生态结构会达到什么效果，但其毕竟是一个生态系统，应该是深化、活化、进一步推进的新型城市体系。

毛晓冰：就金碧丽江这个项目，实际上作为使用者来说，其生活方式本身就是可持续的，吃有机的食物、从事健康的活动，且不用对交通产生压力。一说到可持续发展，很多人便理解是高科技，通过高科技达到节能减排的效果，但其实我们在日常生活当中，包括生活方式方面有很多的事情可以做，也能够达到同样的效果。过去我们往往都是提绿色建筑需要很多人工与机械的措施，但是我觉得像这样提倡原生态的可持续发展，并以更加自然的方式达到，要好过使用高科技的设备。

艾志刚：我们的“建筑”基本上是指城市建筑，农村这一块好像跟我们的专业很遥远。但是听过孟院长城市农业化的观点、看过高总的实践后，可能以后的观念要打破了。我们的建筑离不开农村，离不开土地，我们建一个房子，农村就少一块地，土地的矛盾在中国是非常突出的，城市不能无限制地蔓延。

我们今年也开了建筑研讨会，很多专家说建筑学是夕阳专业，景观、室内设计反而可能会大发展。因为房屋建到一定程度，不能建得太快，否则对地球整个大的系统是灾难性的。孟院长比较敏感地提出了新的观念。我们目前的研究实践只是从美观角度，真正的生态价值可能还有待论证。如果我们把概念扩大，就会发现农业与绿色景观的区别，是实质性的。

这个领域在日本有比较多的研究，其由于土地稀缺，危机感重，于是要设计建筑物内部的人工庄园。其高层建筑物里面不只有绿地，还有水稻和鱼池。农作物的生产不外乎阳光、土地、水等等，现在都可以人工替代。我国对此的开发比较少，尚局限在景观方面，真正把建筑物与农业结合起来还有待进一步探讨。所以孟院长的观念对我们未来的工作非常有启发。除了探讨，我们还要实践，否则永远只是设想。我们去实验，有成功，有失败，然后才能真正发展。

张中增：孟院长提出的城市农业化，我觉得是一个大的层面，它应该是靠大量的点支撑的。社会的发展本身就是一个需求和满足需求的过程，而绿色农业也是我们城市需求的一个起点。我觉得应该把这个需求的面扩大，以适应更多的人群，同时配套设施的建设也必须要跟上。这需要政府的支持，才能使项目长期发展下去，孟院长的“城市农业化”的观点也才能完全实现。

王晓东：住宅的需求通过这么多年普及的生产供应，已经到了一个转折的关口，如果用一句话来形容，就是要个性化思维。大量的普及化时代已经过去了，再往下就要各走各的路，各种各的菜。富裕起来的人，以及解决了基本居住面积的人，有了个性化发展的要求。我们现在应从高处思考问题，将来我们城市的形态应该是怎样的。

现在我们的城市千疮百孔，是有问题的。经济发展以后，城市在不断扩大，于是就出现环境问题、交通问题。但我们有条件，能够用一种新的城市形态把居住与农业恰当地融合在一起，形成我们将来的城市特色，即解决中国的二元化问题。

随着生活、经济的改善与世界的发展，在老的法律条件制约下形成的城市肯定要变化。现在边缘化的，可能将来便是一种主流态势。

张之杨：今天我有比较强的感受。金碧丽江这个项目使你可以实现自己的理想，是挑战旧居住文化而做的一个新文化。它使现在城市化的居住文化多元化，或者是提出了一个特例，令城里人可以回归农村、回归自然。中央关于70、90政策的出台是因为市场上大家拼命做大户型，使豪宅级的东西变成主流，以至于大部分主流消费群体买不到自己要的房子。我觉得这是城市居住文化的一个怪圈，城市人总是希望以超出自己能力的，甚至是不必要的模式消费，我将其称为"北美模式"——美国人的一种模式。我觉得这种文化是对资源的过度攫取与消费，或者说是人的价值对物质的过度占有，以证明自己的价值实现。很不幸的是，全民所向是朝向这个标杆，但我觉得它是一个过渡的模式。

我们身边有另外一种模式，我喜欢叫它"香港模式"，即可持续的生活模式。就像有些欧洲国家，人们的收入很高，也有比较好的文化和素质，他们对物质的占有是非常适度的，大家都非常节约，甚至到了节俭的地步。

中国的城市发展模式为什么有那么多问题呢？我认为是因为供给太大了，土地供给太多了，政府主要的财政收入都是通过卖地得到的，这样就要不断有新的开发区。我觉得一个健康的城市文化，应该是严格地控制土地的给予、供应量，在此之下去更节约地使用和高密度发展。香港是因为拥有非常严格的边缘和边界，才能发展这么节约的模式。

我认为城市以及人们对理想生活向往的价值观都需要新的选择。在城市生活当中享受一部分田园生活，这种模式已经存在了。其必须有一个解决方式，让在城市里面创造收入的人群在物理上脱离城市的束缚。我的想法是可以把城市农业化分成两种：一种叫城市郊野化，在原城市里面的公园、屋顶，给人们一些喘息的机会，提供一些景观或者是农业的尝试。有的直接就把田种在房子里，像夹层饼干一样，一层住宅一层花园。第二种是虚拟城市加上真实的农村生活。你的肉体在自然环境当中，可以健康地呼吸到好的空气，但是这个城市必须给你高端的通讯的便利，比如发达的网络。

现在的土地，距离市中心越近价格越高，人的社会地位都据此有一种象征。如果有一种可选的居住文化，生活正好是在一个边界，既是城市又是农村，可以随时在城市与农村之间游走，这个城市的模式便不再是中间突起了，而是边缘凸起，是一种边缘的文化，可能使得城市面临扁平化，对人群价值的取向可能有一个比较好的划分。

戴静：我从金碧丽江这个项目中看到的是一种自然的生活状况——工业革命之前便是如此。城市其实是一个壳，它承载的核是人的生活。而人则追逐一种自然的生活状态。过去的城市不管是尺度，还是生活方式都是很自然的，乡村、城市之间的界定不是那么明确。

现在城市化进程越来越快，但城市的发展却没有特色。现代人的生活处于一个"忙"的状态，建筑师还有没有时间来思考？我觉得孟院长提出城市农业化，关键在于思想层面的启示。如今很多规划师和建筑师天天忙着画图，已经没有时间思考我们的城市怎么走，有一系列的困惑，但是如何面对这些困惑？

我们有一个思维定势，即觉得农村要向城市发展，进入主流圈子，因此以前的发展模式还是以城市为主导，不停侵占农村用地。孟院长提出的这个"城市农业化革命"完全是另外一种思维方式，农业挺进城市。关于"城市农业化革命"的提法，我觉得不仅是在规划建筑与城市空间范围内，而且是在城市的产业结构、城市运营、管理发展的层面来规划城市整体面貌。另外，"城市农业化"有现实性，它利用的是城市闲置的用地，这是对城市的一个贡献。

最后，我自己也有一些困惑，想请问孟院长。《城市农业化革命》有两个观点，一是建设高效益城市，二是城市要有一个管理模式。如果从这两个观点出发，对城市闲置空间的最佳利用方式进行思考，除去"城市农业化"，是否还有更符合城市性格和特征的别的发展模式呢？

孟建民：刚刚各位专家谈了，对我本人有新的启发。这篇文章的缘起，在此我再说一下。

我国这几年由于城市的迅速扩张而导致了耕地被大规模蚕食，而且现在被侵占的农田都是靠近城市的高产田。所以温家宝总理在多次重大会议中强调要守住18亿亩耕地，就是说其是维持中国生存的农业的支撑底线，像我们讲的基尼系数一样，超过4或4.5，社会就可能动荡。今年年初世界粮价飞速提升，导致很多国家急剧动荡。听说直接原因便是澳大利亚的自然灾害，导致向外输出的粮食断档，从而产生了连锁反应。

粮食在升值、耕地在减少，那我们在哪方面找出路？我当时就想，城市大量的屋顶是闲置的，如果将这个资源充分利用起来的话——至少50%的面积可以利用，便可以解决一部分问题。

另外，长期以来大家都关注"城市热岛效应"，即城市温度比周边农村高出5°～10°。这是因为水泥接受太阳辐射而不断释放热量，导致温度升高。我们开发利用大量屋顶，既补偿一部分农田的减少，又减少热岛效应，同时新的产业工人做屋顶开发，也解决就业，一举多得。

基于上述因素，我从年初开始准备，到建设部、统计局搜集了大量一手资料，反复核实，年底写出了这篇文章。现在合肥正在办"城市节地示范城"，是中国唯一一家，我想找他们做一些实验。而这个概念实际上在民间也已经有了实践，比如山东、浙江便有人在屋顶种了大片水稻。同时，国外也在大量探讨立体农业，即在城市的大楼上生产农作物。由此可见，这是未来的一个必然趋势。现在是务虚，未来则是实际问题。

高伟：我比大家要更商业化一点。我觉得最后还是要靠经济，必须要有利润或者是商业价值，才能把“城市农业化”的东西支撑下去。

政府应该拿出一部分钱补助，改善城市的热岛效应与景观。同时也要思考，今后的建筑要靠我们各位专家怎么去倡导、引导，如何在未来的规划中间进行立法或行政的补助。其实这种改造还是具有商业价值的。

我不觉得“城市农业化”完全是一种畅想，未来世界如何发展，现阶段的经济价值已经体现了。城市的绿化率要求40%、50%以上，我们可以把这个概念衍生。种菜、种水稻都是绿化，无论种植什么，都是社会的财富，也都创造了价值。

孟建民：在屋顶上搞农业，大家也要考虑成本问题，给排水、交通、荷载等等，肯定要比地上高。我认为利用屋顶再造农田有一个拐点，就是土地缺乏和粮食价格上涨到一定程度，屋顶空间的利用价值才凸现出来。所以我们要先实验，并且一定要政府提供优惠政策，予以支持，然后才可以推广。

金碧丽江项目的意义不在于多了一块农地，提供了游玩、娱乐的场所，而在于实验性。其可能没有普遍性，但是毕竟在这样的条件下，提供了一种新的生活方式。我觉得这个项目给了社会和业内一种启发。

高伟：我们的项目适合中产阶级实现一种理想的消费。它不是一种奢侈品，而是类似于奢侈品的生活。我们从中在享受生活，但没有去浪费和伤害资源，过度消耗资源是一种伤害。

我们的楼盘描绘了一种新的生活，但我觉得更多的是对未来居住文明的体现。城市农业化的概念虽然还不能完全达到这样的方式，但是我们可以从规划方面，将城市设计成点状的，周边一定要有基本农田，可以种菜、种地，这是一个思维的方向。

毛晓冰：我曾在国外听到议会辩论，是关于乡村与郊区集合式住宅的。一方要维持乡村的生活方式，另外一方则认为应该变成现代化的城市生活。我觉得它应该是一个结合点，两种生活方式的结合点。

关于我国的乡镇建设，以往我们都不太重视它，很少有专家做这个工作，基本上是任其自然发展。如果能够在城乡结合部做城市农业化的模式，我觉得两个都兼顾到了，既有城市的生活方式，也有农村的生活方式，都没有丢掉。

宋丁：关于城市中发展农业，根据具体的做法，我划分为三类，第一类是在现有的城市中，搞一个“旧城区的农业化改造”，用城市化理念找空间。

第二类是假定一个城市还在发展，而有的周边地区要把耕地转为新城市的时候，我们肯定要先规划，把这种要素加进去，比如说楼盖起来的时候屋顶要有农业成分。这是新方式。

第三类，城郊有一定的土地，做城市观光，我把它放进“泛观光农业”。

“5.12”地震之后，我参与了地震带上一个6000多平方公里土地的规划。其中有一个相当大的板块算是城郊，城市化推进速度非常快。在这个过程当中，如何激活农村土地，利用其深化城市的消费，比如观光旅游、生态食物等等。我想“城市农业化”这个大方向是非常值得我们来琢磨的。

我觉得孟院长这篇文章很好，接下来便要靠实验。要确定实验的面积与范围，而且应该是大、中、小不同的城市同时进行，以便于比较。而实验过后，城市绿化的高投入、高生态是否依我们想象有一定产出（高产出也不现实），有效减少城市的运营成本，则关乎这个产业的可行性发展问题。因此我们需要未雨绸缪，使其继续发展，并引起国外的关注。这就是我的建议。

张之杨：大家都已经沉浸在自己编织的美好画面中，但我想唱点儿反调，提出一个问题。据我所知，从严格的生态意义来讲，农业对土壤是不好的，因为长期的施肥生产，会加剧土地的贫瘠化。就城市景观而言，农业是一个消极因素。我们通常认为绿色的东西是健康的，其实不一定，很多农业生产对环境是破坏。

孟院长写文章的几个动机，我非常地认同，您的着眼点也很实际。但是，我们的结论是不是有点儿太快了？关键在于既要守住18亿亩耕地的底线并缓解粮食危机，又要更多的高产农田以保证我们的粮食生产。

我觉得有两种解决办法，第一种，我们利用城市屋顶等闲置空间搞农业，但我认为它有更大的危机。城市发展占1亩农业用地，还0.5亩农业用地，这样就可以继续地再占下去。

我想是否可以采用另外一种模式，我们的城市能不能更集约一些？香港700万的人口占了多少地？我以前做过调查，香港的居住密度是纽约曼哈顿的6倍，曼哈顿的居住密度又比美国平均高出了五六倍。我觉得这是居住文化的转换问题，假如深圳以香港这样的密度去建，也许其占地只需要现在的1/3，另外2/3可以归还给农业。这样，城市土地利用得更充分。

在城市里面发展农业，其优点是可以满足城市化进程中进城的农村人口。中国人有农耕的文化，对于一个刚刚到城市里面的人，“城市农业化”可以给他们这样的空间。在城市里面的补给性农业，最大的贡献是帮助养成健康心理。但从使用效率来说，我们的土地流转以后，越来越以高效率、大机械发展。

艾志刚：大家说得都有道理，我们都是研究建筑的人，可能对农业学的知识了解并不充分，我们是不是请几个农业专家一起来讨论更好一点？

张中增：18亿亩这个底线令我们很担忧，在城市进展的过程中所占用的农田通过我们产业化的方式来恢复或补充，这个方式也有一个小问题，涉及到屋顶农田的投入产出比。因此种植专家、农业专家都要介入，算一算这个帐，如果投入产出高，才有积极性，所以一定要分析。

主持人：今天的讨论很激烈，对专业人士与开发商均提出了要求。前者要有前瞻性的思考和积极的行动，后者则要有社会理想。二者的结合才会提供给大众适合居住的、诗意的环境——无论是城市的理想，还是农村的理想。

城市的农业化革命

Urban Agriculture Revolution

孟建民 *Meng Jianmin*

党的十七届三中全会郑重提出"城乡一体化"的发展方向，围绕社会主义新农村的建设，中国农村的非农建设用地将成为未来城市化向农村地区扩张的最重要的空间。然而，城乡一体化的伟大变革并不仅仅在农村地区发生，与这种城市向农村扩张的农村城市化趋势相比，还有一种在空间上呈现反向的动态，这就是城市农业化的趋势，传统意义上只能在农村成长的农业，正在以独特的方式跃跃欲试，寻求成功挺进城市空间，从而引发"城市农业化"这样一场具有深刻影响的革命。我认为，国家政策面和产业面应该对将在中国广大城市中启动的城市农业化趋势予以高度关注，并探索更加有利、有效地推进城市农业化的发展道路。

一、城市农业化的渊源与现状

把乡村田园引入城市的城乡一体化的理念，自古以来就是人类的梦想和实践。中国数千年的城市文明发展中，大部分时期的大多数城市可以看作是乡土城市，问题出在最近数百年来工业化引发的近代和现代城市，农村和田园日益远离城市，城市不断地蚕食农村、占用大量农地，不断把田园风光的锦绣大地变为由钢筋、水泥、玻璃等现代工业材料广泛铺陈的城市空间。这种发展态势极大地摧毁了人类对于城乡一体化的美好想象。

田园农业还能回到现代城市中来吗？几百年来，人类一直在寻求这个答案。最经典的想象就是19世纪末世界著名规划大师霍华德的《田园城市》构想。然而这种规划思维一直没有真正走出规划家的思想境界，到目前为止，并没有一个国家真正把农业引入现代城市。人类能够做到的只是将绿色引入城市，建设花园城市，建设生态城市。

把农业恰当地引入城市，推进城市农业化，这种农村城市化的反向操作，也许正在给困惑中的城乡一体化浪潮找到一个全新的突破口。然而一个现实的问题是，在城市中，可利用的农业空间在哪里？显然，不能以农业用地直接挤占现有规划中的城市绿地，更无法挤占城市规划中的市政公共建设用地。

事实上，城市农业化的空间利用理念是，规避对常规城市规划空间的任何诉求，最大限度、最具灵活性地有效利用城市所有可能的闲置空间，例如屋面、墙体、边坡、角落地带等，以效益策略争取农业在城市的生存空间，其中，屋面的空间利用前景最为广阔。据统计，中国现有屋面资源面积1095万亩地，屋面面积之大、之广，居世界之最。但是，目前绝大多数的屋面处在未开发状态，并没有加以有效利用。这就给我们留出了可以大胆想象的空间：在农村地区大力推进城市化建设的同时，可否充分利用城市大量存在的闲置空间，大力推进适应城市特色的农业化革命，进行产业与空间形式上的叠合交错，以形成全新的城乡一体化？

自上个世纪60年代以来，不少发达国家已经在探索将绿色农业引入城市，相继实施了各类规模的屋顶花卉种植工程。在国内，也有专家提出，推广城市社区农业化，将社区中无商业价值的废弃土地、住宅前后的空地以及屋顶等改成农用地。不少城市也开始制定一些政策，希望推进屋面绿色种植工程。河北省更有几位退休居民在三年中，在自家屋顶上试种农作物，包括菠菜、大蒜、青椒、西红柿等蔬菜，菊花、鸡冠花等草本花卉，甚至还试种了花生、红薯等大田作物等，共约40种，均长势良好，已获丰收。他们希望早日能将屋顶农业推广开来。

由上可见，在城乡一体化的发展中，城市内部空间完全可以大有作为，大量闲置的城市空间完全有可能成为引入特色农业种植从而引发城市农业化革命的战略基地。

二、城市农业化的三大效益

从产业结构调整的角度看，城市农业化就是在城市闲置的空间资源上，引入特色型的第一产业，充分实施与城市原有的第二、第三产业的合理叠合，从而实现城市产业功能的全新整合和提升。显然，这是城乡一体化的另一途径与方式，是当今城市产业功能再造和城市形象重塑过程中的一场深刻革命，城市农业化将为我国城市的未来发展带来如下三大效益：

第一是经济效益。随着城市化的迅猛发展，城市用地不断向城市周边的城乡结合部扩延，大量农田因此被蚕食。据国土资源部门统计，我国的耕地面积从2001年19.14亿亩降至2007年的18.21亿亩，七年间减少近1亿亩耕地面积。国家因此提出无论城市化进程推进的力度有多大，都必须坚守18亿亩基本农田这条底线。面对城乡争地的巨大发展矛盾，我们从城市建筑屋面空置的空间资源看到了缓解这一矛盾的希望。据城市建设统计年报统计：我国城市和县、城镇建设用地约4522.41km^2，这中间除了平均容积率及扣除一半屋面因特殊要求而不宜深入利用外，经粗略估算，我国城市建筑屋面的可利用空间范围约占2亿亩地，这是一种含有惊人开发潜力的空间资源。首先，这种城市闲置空间适合特色型绿色农业种植的进入，如果合理利用开发，将为我国的经济发展带来巨大的经济效益；其次，大量的城市建筑屋面如作为农业场所开发利用后，自然形成国内新型的生态性粮储形式，这对于积极应对和化解世界性粮食危机可能对我国带来的不利影响具有明显的缓冲作用；再次，城市建筑屋面农业由于身置城市之中，在充分发挥市政设施效能，减少城乡交通量，推广农业的精耕细作等各方面都会产生积极、正面的经济效益。

第二是环境效益。在大力倡导节能环保，推广绿色建筑的今天，我们仍然没能很好地解决"城市热岛"效应这一环境问题。由于城市建筑群密集，沥青、水泥等材料比土壤植被更容易吸热，对热的反射率小，使得城市白天吸收储存大量的太阳能，从而导致城市局域气温高于周边局域，据统计，在夏季有些城市与郊区的温差已达6～10℃。为了改善这种气候现象，十多年来国家一直鼓励城市建筑进行屋顶绿化，但我们遗憾地看到，这种推进速度十分缓慢，原因在于大多屋顶绿化是从美化角度进行的，由于只投入，不产出，导致屋顶绿化成为城市运营成本很高的公益性工程，个人很少投资，企业不会投资，政府也很难用财政构建如此庞大的成本工程。如果我们换一个角度利用这个巨大的闲置空间，大力推广屋顶农业，这样就使屋顶绿化的传统成本运作变成了一项产业运作和资本运作，是可以回收成本甚至可以获得经济回报的产业，这就为屋顶农业产生环境效应带来切实的可行性，可以改善城市热岛效应，变"热岛"为"绿岛"，使城市温、湿环境达到更宜人的程度。从单体建筑方面看，屋顶农业能大大降低屋面温度，提高空气湿度，有绿化与无绿化的屋顶地面温度相差达15℃，由此可降低室内温度达1.5℃，这在节约建筑能耗当面的意义是十分巨大的。除此之外，城市农业化对增加环境的水土保持、缓解城市排水市政压力、净化城市空气、构建生态型城市都将起到十分显著的积极作用。

第三是社会效益。首先，城市农业化是对城乡一体化国家战略的巨大贡献，为城乡一体化的实施开辟了全新的拓展空间；其次，通过城市农业化这场城市空间革命，可以在空间领域上叠合三大产业，弱化城乡空间领域之间的绝对划分，从而为缓解城乡对立、实现城市产业结构的合理调整、融合奠定良好的基础；再次，随着特色型农业引入城市空间，势必会造就出一大批专门从事城市农业的新型产业工人，这为开拓就业面、缓解城市就业压力来说显然是一条新的途径；其四，实现城市的农业化革命，对改变城市传统的生产与生活方式将产生巨大影响，这种改变在城乡政治、经济、社会、文化等各个层面都会产生深刻的变革，对和谐城乡社会关系、缩小城乡差别等诸多方面都会发挥出重要历史性作用。

三、城市农业化面临的问题与对策

既然城市农业化能够产生如此巨大的综合效益，为什么我国城市长期以来并没有形成城市农业化的现实发展？归纳起来，主要有如下几大障碍和问题：

第一是城乡二元结构的认识和制度。农业难以进入城市的问题，很重要的一个影响因素就是长期以来人们对城乡二元结构的不正确认识。人类自产生城市以来，城乡二元结构的产业和空间形态就成为一种非常固定的认知系统：农村是从事农业生产的主要区域与场所，而城市则是工业与服务业的集中区域与场所。第一产业与第二、第三产业的不同业态形式决定了城市与农村在社会经济、文化等各方面的差异与区别。对我国而言，改革开放前长期实行计划经济体制所形成的城市对立、城乡分割及城乡劳动力流动隔绝又进一步强化了城乡二元结构体制。

从城乡规划学角度来看，从事第一产业的农村，其空间形态呈平面形式，无论是平原大地，还是山峦起伏，承载农业生产的空间场所皆以平面形式所展开；而现代城市作为人类社会经济与文化的集约场所，则呈现明显的三维立体形态之特征。城市空间向上可高楼林立，向下可造地下城网，因此在城乡空间对比上呈现出典型的平面化与立体化的差异性。长期以来，这种对城乡二元结构的认识已形成一种不变的思维定势，与当前国家提倡破除城乡二元结构，构建城乡一体化的发展战略是相矛盾的。

第二是在城乡地带发展农业的价值比较。过去，当农村耕地还比较充足，且没受城市扩张侵吞的时候，当城市建筑屋面种植技术尚不成熟且需要高成本建设的时候，从经济规律角度讲，人们不会放弃低成本的传统农田种植，而选择高成本的城市屋面种植。这种价值判断与成本比较会明显影响人们的认识并形成比价的思维定式。

当然我们已看到，这个问题正在面临重大的改变：中国的城市化过程十分迅速，基本农田锐减，农产品涨价，农村地区的农业发展成本在上升；与此同时，城市农业化的种植技术，例如屋面种植技术在趋向成熟，屋面农业的性价比得到提升，加上城市“热岛效应”等环境问题日益突出，正在给城市农业化革命带来巨大的机遇。

第三是城市现代化程度不高引起的对城市农业化工作的忽视。城市现代化的发展水平直接体现科学发展观的落实程度。在当前国内城市现代化水平还没有提升到很高程度的情况下，更多的城市管理者并没有深刻认识到城市农业化的巨大产业和环境意义，也很难认识到节约、集约化地利用城市闲置空间的重大意义。整个城市的发展还比较粗放，还没有提升到建设效益城市的高度。

在中国城乡一体化国家战略面临深入发展的今天，提出城市农业化具有深远的意义。这里提出一些积极寻求有效推进城市农业化的若干对策：

1. 国家应制定强有力的政策予以扶持。

建议国家有关部门能够出台一系列鼓励城市农业化的政策、法规与条例。正如重视建筑节能一样来重视屋面闲置空间的开发与利用问题，以此作为各级政府的考核指标，通过采用行政、经济等手段为城市农业化开创更多更好的条件。没有政府的鼓励与培育，要推动这一进程将是非常困难的。令人欣慰的是，当前国家对城乡一体化问题高度重视，有关大政方针已定，现在只是需要在城市农业化问题上出台相应的政策和策略，包括针对性的具体措施条例。

2. 从战略上分析认识城市农业化的投入产出关系。

在启动城市农业化战略的时候，我们不能仅仅停留在常规经济学那种局部或狭义上的投入与产出关系分析上，而应站在城市战略的高度，分析和认识大投入和大产出的关系。从宏观层面看，拓展利用包括屋面空间在内的各类城市闲置空间，对城市引入农业，平衡一、二、三产的结构关系，增强国家农产品保障体系，改善城市环境质量，充分发挥利用城市基础设施等方面，都具有良好的效益，这种战略投入十分划算，影响深远。当前国家三农政策强调以工补农、以城带乡、反哺农业。充分开发利用城市建筑的屋面空间发展特色型农业，正是从全新的视角体现了落实国家三农政策的意义，不仅必要，而且可行。

3. 从技术层面为城市农业化提供保证。

虽然城市农业化的屋面种植技术与建造已相当成熟，但是面对大量的屋面闲置空间，我们仍然要进行科学的具体分析和论证，对其进行必要的类型划分，哪些应直接利用，那些可以改造利用，那些不能利用等等。在使用要求与类型上加以规范，并作为实际推行工作的依据。同时对屋面建造的荷载、防水排水、防漏、屋面种植配套设施及屋面种植技术内容和环境保护方面加以规范，使屋面农业生产场所的设计、建造、维护及运营在技术上有章可循，有法可依，从而在技术层面为城市农业化提供有力的技术保证。

4. 建立对城市农业化工作的有效管理模式。

当城市农业化发展一旦得到大力推广时，我们还会面临屋面用地的权属与管理方式上的问题。我认为在屋面用地权与管理权方面可采用灵活、多元的方式来对待。根据屋面用地不同的投资主体及经济补偿情况，屋面用地所属权既可归建筑主体所有者，也可归政府或其他投资者。在管理权方面，建筑主体所有者可以自行管理，也可委托其他专业管理机构进行管理。总之，不论归属权与管理权归谁，最终应该是建立起对城市农业化工作的有效管理模式，并通过成功的管理，实现城市农业化的良性运作和发展，使整体城市和社会受益，这应该是城市农业化的根本宗旨。

*引自《中国建设报》

2008年《住区》总目录

《住区》1/2008 城市再生 总第29期

《住区》2/2008 绿色生态住区 总第30期

《住区》3/2008 开放住区 总第31期

《住区》4/2008 灾后重建 总第32期

《住区》5/2008 旅游地产 总第33期

《住区》6/2008 材质与建筑 总第34期

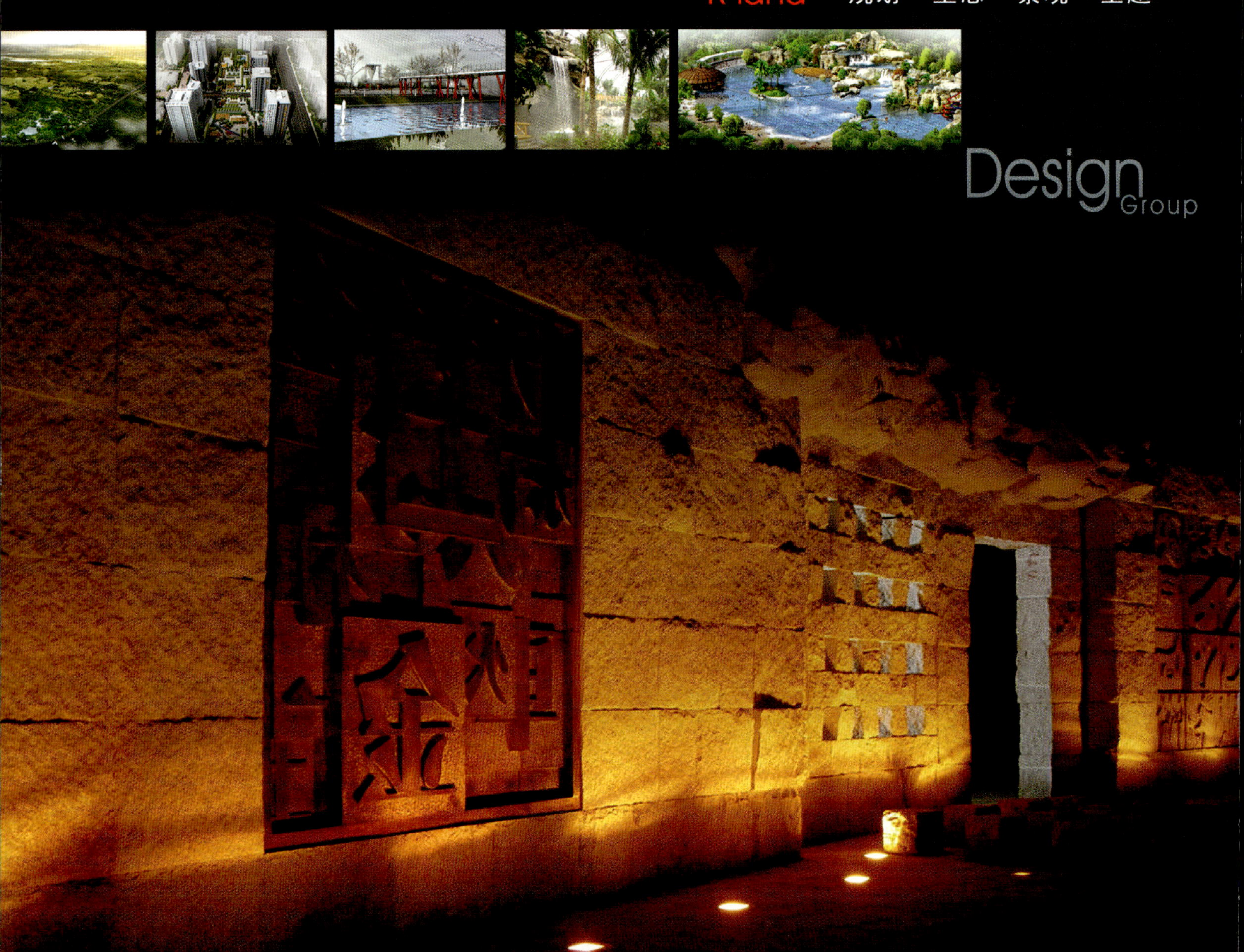